神里達博
Tatsuhiro Kamisato

リスクの正体

——不安の時代を生き抜くために

岩波新書
1836

はしがき

いつの間にか私たちは、さまざまな不安と隣り合わせに生きていくことが、日常になってしまった。少し思い返してみるだけでも、毎年のように繰り返される風水害、恐ろしい地震や噴火、近隣諸国との不協和、さまざまな偽装事件、著しい高齢化の進行、天文学的な財政赤字と将来の年金への不安、奇妙な犯罪や事故の多発、そして感染症の拡大など、枕を高くして眠ることができないような日々が続いている。

もっとも、この「はしがき」を書いている今は、新型コロナウイルス感染症(COVID-19)の蔓延により政府が緊急事態宣言を発令した直後であり、不安というよりも、もっと強くてはっきりとした恐怖のようなものを感じている方も少なくないかもしれない。また実際にこの病と闘っている方や、多くの医療関係者は、さらに厳しい現実と向き合っていることだろう。

それでも、この日本列島で暮らす大多数の人たちにとっては、少なくとも現状においては、やはり、この病気そのものと、それに伴う社会経済的なダメージに対する「不安」こそが、最も支配的な感情ではないだろうか。その意味で、目下のコロナ禍は、近年の私たちのグレーな日々の輪郭を、風刺漫画(カリカチュア)のように強調したものだと言えるかもしれない。

それにしても、なぜ私たちは、これほどまでに不安な状態が定常化してしまったのだろうか。たとえば「昭和生まれ」の人たちならば、昔は少し違ったよ、などと、漠然と感じている方も多いかもしれない。ではいったい、何が変わったのだろうか。「世の中がぜんぶ、すっかり変わってしまった」というのが、心情的には最もしっくりくる言葉かもしれないが、説明にはなっていない。

＊

そこで一つ、別の問いを立ててみたい。私たちはどうして、この世界が不安なものになったことを、具体的なところから考えてみよう。たとえば、目下、猛威を振るっている「新型コロナウイルス」、知っているのだろうか。

あなたはどのようにして、この病気の流行を認識したのだろうか。

この四月の段階であれば、東京や大阪など、比較的感染者数が多い都市に住んでいる方ならば、職場の誰かが罹(かか)ったとか、知り合いの家族が入院したといった、比較的「生」に近い話を聞いている人もいるかもしれない。しかし、感染拡大の初期段階や、人口当たりの感染者数がまださほど多くない地域では、そういうことも少ないだろう。

従って、ほとんどの人にとっては、最初にこの感染症の広がりを知ったのは、直接的な情報ではなく、なんらかのメディアを通じてであろう。まず、新しい病気が確認されたということが報じられ、急速な感染者の拡大と混乱が、テレビやスマホの画面に映し出される。これらにより、さまざまな反応が起こり、たとえば消費者の行動が変わることで、関係する業種では急激に売り上げが減り、目の前にリアルな問題がやってくる。こうして、具体的な日常へのダメージが、まだら模様に広がっていく。

しかし重要なのは、その段階ではまだ、ほとんどの人のところにウイルス「そのもの」は来ていない、ということだ。このような「情報的な影響」は、現実に感染症が国内で広がるよりも、ずっと早く起きてくる。たとえば二〇〇三年のいわゆる「SARS（重症急性呼吸器症候群）」発生の際には、日本国内での感染拡大は起きなかった。それでも、さまざまな社会経済的な影響を惹起し、大きな不安が広がった。

もう一つ、今回の感染拡大によって痛感させられたこととして、世界に広がった「モノ」の相互依存に起因する、システムの脆弱さがある。世界はサプライチェーンを通じて緊密につながっており、それゆえに、世界のどこかでひとたび何か問題が生じると、ただちにそれが全世界に波及するのだ。

たとえば、初期の段階ですでに、中国での生産が停滞したことにより、さまざまな日本の産業にブレーキがかかった。住宅用建材が届くのが遅れたために、自宅が完成しないとか、電子部品などの不足で装置が作れない、といったことが起きた。より注目されたのが、一気に品薄になったマスクだろう。私たちは、非常に不安定なシステムの上に生きていることを、思い知らされたのである。

以上、今回の感染症の拡大を例に考えてみたが、いくつかのことに、改めて気づかされる。それはすなわち、私たちは今、目の前に見えている日常的な世界のみを生きているのではなく、メディアやネットワークを通じて認識できる、遠い世界で起きていることに関する情報や、海の向こうで生産されている、実にさまざまなモノに深く依存して生きているということである。

そしてもう一つ、急いで付け加えるべきは、ヒトの動きである。世界的に張り巡らされた航空網により、人々のグローバルな移動がかつてないほどに拡大したからこそ、この忌まわしいウイルスはあっという間に世界中に広がったのである。

これらのことが指し示すのは、いわば、私たちが「今、ここ」のみを生きていない、生きることが許されない時代という、特異な状況のことかもしれない。たとえば、東京にいながらにして、地球の裏側のコト・ヒト・モノと、直接、関わりを持つことが当たり前になった。それらは、時にはファンキーな動画や、愉快な友人、coolなシューズかもしれない。だが同時に、電子取引によって加速された突然の恐慌や、テロリスト、そして凶悪なウイルスが、同じように、不意に私たちの目の前に現れるリスクも存在するのだ。

現代を生きる者は、程度の差はあれ、いつの間にか、このような「奇妙なスタイル」で生活するようになったのである。そして、このスタイルの変容こそが、最初の問い、つまり、私たちが不安とともに日々を生きるようになってしまったことの、根本的な原因ではないだろうか。

＊

本書は、そのような不安の時代において、さまざまなリスクをめぐって考え、悩み、行動するようになった現代社会の諸相を、種々の角度から読み解いていくエッセー集である。目次をご覧になると、あまりにも扱っているテーマの種類が多く、何を語ろうとしている本なのか、分かりにくいと感じる読者もいらっしゃるかもしれない。

しかし、全体を通読いただければ、私たちがどうして不安とともに生きていくことになってしまったのか、そして、私たちの日常に深く入り込んだ「リスク」とは一体何なのか、自分なりの答えにたどり着くためのヒントを、きっと見つけることができると信じる。

構成としては、「感染症のリスク」「自然災害と地球環境のリスク」「新技術とネットワーク社会」「市民生活の『安全安心』」そして、「時代の節目を読む」の五部に分かれているが、その中の個別のトピックはそれぞれ独立しているので、気になったところから自由に読んでいただきたい。

本書のベースとなっているのは、二〇一四年秋から、『朝日新聞』の紙面において連載してきた「月刊安心新聞」および「月刊安心新聞plus」というコラムである。いったん二〇二〇年二月分までの原稿を積み上げ、改めて全体を再編集しているが、基本的に、連載時の記述をできるだけ生かすようにした。現代は言うまでもなく、すべての物事の動きが速く、つい二、三年前のことでも私たちは意外と忘れてしまっている。本文をできるだけ修正しないほうが、その時々の空気感を思い出すようがになるだろうと、考えた次第である。

そのため基本的に、年月に関する表現や、災害の被害状況に関係する数字なども、連載当時の日付におけるものであることを、あらかじめお断りしておきたい（ただし、一部、最新の状況について、注記で補っているものもある）。

また、これはちょうど、「安倍政権の時代」に重なる。将来読み返すことで、この時期の時代精神を映し出す鏡のようなものになることを、図々しくも、密かに期待している。

＊

本書の経糸が「リスク」だとすると、横糸にあたるのが、「専門知としての科学技術」である。先ほど触れた「奇妙なスタイル」、すなわち、遠くのコト・ヒト・モノが、「今、ここ」に対して直接影響する時代になったのは、言うまでもなく、情報技術や大量輸送技術をはじめとする、科学技術の寄与が大きい。

一方で、たとえば地球温暖化問題のように、そのような科学技術を使い過ぎた結果、新たなリスクが生み出されるケースもある。また逆に、リスクを科学的に評価し、技術的に対応することで、社会的な問題の解決につながることもある。

従って、現代においては、リスクを論じることと、科学技術を論じることとは、もはや分離することができない。これらは、政治的な判断と結びつき、社会に大きな影響を与えていく。近年注目されている、ゲノム編集や自動運転、量子コンピューターなどは、いずれも社会全体を大きく変えうる新しいテクノロジーである。同時に、私たちの社会にとって、新たなリスクをもたらす可能性があるのだ。技術は単なる道具に過ぎない、などとは、もはや言えないのである。

以上のことから、現代における科学技術の専門家の社会的責任は、かつてないほど大きくなっている。にもかかわらず、私たちは、専門家という存在を、本質的な意味で、社会の中でどう位置付けていくべきか、実は明確な答えを出せないでいる。

このような問題群は、比較的新しい学際的学問領域である「科学技術社会論（STS）」という分野が対象としている。

たとえば、直近のCOVID-19に関する議論でいえば、多くの人々が望むPCR検査の大幅拡大を、どうやら行政に近い専門家たちは、（少なくとも当初は）否定的であったようだ。現代における行政判断は、科学に基づいて、テクノクラートと、それに助言を行う専門家が協力しながら進めることになっている。その相互作用がいかなるものだったかを問いなおすことは、今後重要な意味を持ってくるだろう。このPCRの問題は現在進行形でもあり、本書で具体的に触れることはしないが、これもまたも優れてＳＴＳ的な課題の一つであるといえる。

実は、これと似た構造をもった問題を、私たちの社会は繰り返し、経験してきた。そのような、政治と科学の境界領域、敢えて分かりやすく言えば、「理系と文系の両方にまたがるような問題」を、本書ではさまざまなテーマを通して議論する。この社会は依然として、文系と理系の棲み分けが著しいが、この種の複雑な対象と向き合う時の、ある種の構え、あるいは「相場観」のようなものを、本書の全体から感じ取っていただければ、幸いである。

＊

テーマがテーマだけに、記述においてはいつも、なにがしかの「希望」を埋め込むことを心がけたつもりである。リスクとは未来について語る一つの形式であるが、それは私たちの希望を塗りつぶす力を持っているわけではない。未来はいつでも、開かれている。

というわけで、前置きはこれくらいに。

私たちの生きる、この時代の「リスクの正体」を探っていこう。

目次

II　自然災害と地球環境のリスク……19

Ⅳ　市民生活の「安全安心」……119

V　時代の節目を読む

写真提供＝朝日新聞社（II～V部扉）

I

感染症のリスク

はしか童子退治図(はしか絵)(埼玉県立文書館収蔵、小室家文書 No. 6369-7)

広がる〝COVID-19〟――難局をどう乗り切るか

新しい病が、世界を揺るがしている。日々増える患者数に、私たちは不安を禁じ得ないが、「彼を知り己を知れば百戦殆(あや)うからず」の基本に立ち返り、大局的に考えてみたい。

まず、「彼」は何者か。起源は、まだはっきりしない。だが、なんらかの動物からやってきたとされる。コロナウイルスの仲間は昔から、さまざまな哺乳類や鳥類に、それぞれ「お気に入りの居場所」を確保してきた。人類に「風邪」と呼ばれるありふれた病気を起こしてきた連中の一部も、そこに含まれている。

そもそも、「生命」の定義にもよるが、ウイルスは生き物とはいえない。なぜなら、自力で生きていくための「細胞」を持たないからだ。そのためウイルスは、常に他の「一人前の生き物」に、どっぷり頼って暮らす。たとえば、風邪のコロナウイルスは、上気道、つまり鼻から喉(のど)までの、粘膜が古くからの住処(すみか)だ。

従って、ウイルスの立場から考えれば、居場所を提供してくれる宿主にダメージを与え過ぎるのは、愚かな選択だ。宿主が適度に元気で、次の宿主のところまで自分を連れて行ってくれるのが、望ましい。殺してしまうなど、愚の骨頂である。

しかしそれは、「馴染(なじ)みの相手」であることが条件だ。新型コロナウイルスも、そういう「良い関係」の動物が存在していたはずだ。だがなぜか、これまで縁のなかった「人類」にとりついてしまった。勝手の分からない相手に対しては、暴力性を発揮してしまうこともある。具体的には、新型コロナは、呼吸器系の比較的奥の細胞にとりつくことがあるらしい。これが重篤な肺炎をもたらしているとも考えられる。

では今後、どうなっていくのか。一般にウイルスは、遺伝子を変えながら、できるだけ宿主に「優しい」方向に進化していく。そういう性質を獲得した株(系統)の方が、より多くのコピー(子孫)を作り出すことができるからだ。重い肺炎を起こすよりも、三日だけ鼻水が出る、くらいの方がウイルスにとっても都合がよい。現段階では、このウイルスを完全に制圧しようと各国が奮闘中だ。当然、まだ諦めるべきではない。だが、もしそれができなかったとしても、ウイルスは将来、人類と「そこそこの関係」を保てるように進化し、また人類の側も徐々に免疫を獲得して、一般的な風邪の病原体の一つに落ち着く可能性もあるだろう。

バランスを見極めた対策を

考えるべきは、そういう段階になるまでの間に、このウイルスが私たちに及ぼす悪影響を、どうしたら最小化できるか、である。ここからは、「己を知る」ことも大事になる。
まず確認しておくべきは、疾病との闘いは常に、リスクや利益のトレードオフになる、という点だ。
たとえば、熱が出れば、解熱剤を使うのが当たり前になっている。だが、体温が上がるのは免疫力を高めるための自然な反応だ。実際、解熱剤を使わない方が、風邪の治りが早かったという研究報告もある。しかし、ならば解熱剤を全く飲まなければよいかといえば、必ずしもそうではない。高熱は体力を消耗し治癒力を弱める効果もある。要するに程度問題、バランスが重要であり、名医はその見定めが上手なのだ。

このような、さまざまな価値やリスクの比較・交換に注目すべきであることは、公衆衛生的な対策のシーンでも、本質的には同じである。極論すれば、全ての社会活動を停止し、人の動きを止めれば、ウイルスは次の宿主が得られず、自然消滅するだろう。だがそれは、私たちの社会システムが「窒息」することでもある。そうなれば結果的に、感染症以外の原因で犠牲者が出ることもありうる。さまざまな条件を比較考量し、適切な選択肢を随時見つけていくことが、あるべき対策なのだ。

もちろん、その判断が難しいこともあるが、たとえば感染制御学という分野の専門家は、その道のプロである。クルーズ船への政府の対応に批判が集まっているが、大切なのは、そのような専門知を適切かつ迅速に、ポリシーに反映させる仕組みだ。

その点で、米国の疾病対策センター(CDC)のような、強力な組織を持たない日本は、今回のような事態に対して脆弱と言わざるを得ない。二〇〇九年には新型インフルエンザの流行もあり、必要性の認識はあったはずだが、実現されていない。これを機に、必ず具体化すべきだ。

「禍を転じて福」にできるか

いずれにせよ最も重要なのは、患者が同時に集中発生して、医療資源を超過するような事態を避けること、そして私たち一人一人が「弱者」の視点に立って考えることである。

二〇二〇年二月現在のデータでは、患者の約八割は軽症だが、五％程度が呼吸不全などで重体となっているという。

もし、「熱があっても休めないあなた」が、解熱剤を飲んで活動し、ウイルスを拡散させてしまうと、とりわけ、重症化しやすい高齢者や基礎疾患のある人の命を、結果的に危険に晒すことになる。

そもそも体調が悪いのに無理して働く人、働かせる人が、この国には多すぎる。現実には、大抵の仕事は「代役」でもこなせる。だからこそ、世の中はなんとか回っている。

同時に、休んでも不利益にならないよう、労働者を守るルールを徹底させることも大切だ。これを契機に、立場の弱い者への理不尽な要求や、陰湿な同調圧力を、この社会から無くそうではないか。テレワークにも注目が集まっているが、どんどん活用すべきだ。「禍を転じて福」となればよいのだが。難局を、理性的に乗り切りたい。

（二〇二〇年二月二一日）

ＭＥＲＳ感染拡大——文明が生んだ不意の一撃

二〇一二年九月、カタールで四九歳の男性が呼吸器系の異常を訴えた。彼はドーハの病院で集中治療室に収容されたが好転せず、さらに空路で英国に移された。そして新興感染症の監視を担う健康保護庁(ＨＰＡ)が検査をしたところ、患者から新型のコロナウイルスが見つかる。その遺伝子配列をデータベースで確認すると、同年六月にサウジアラビアで、同じく呼吸器疾患で死亡した六〇歳の男性患者から検出されたウイルスと、ほぼ完全に一致したのである。この疾患は、同じコロナウイルスの一種が原因の、二〇〇二年から二〇〇三年にかけてアジアで流行した「重症急性呼吸器症候群(ＳＡＲＳ)」と似ていた。しかし今回は、ＳＡＲＳでは見られなかった「腎障害」の症状が見られた。これが後に、「中東呼吸器症候群(ＭＥＲＳ)」と呼ばれる感染症の始まりである。

普通、一例の患者をもって「新しい病」と認定することは不可能だ。たいていの病は、互いに症状が似通っているからである。実際、ほとんどの急性疾患の最初は、風邪と見分けが付かない。既知の病とは異なる症状を呈している患者が、一定程度集まった時点で、初めて新しい病気として認識されるのだ。だから新興感染症はいつも、「回顧的」に発見される。「実はあの患者が第一号だったのか」

と。

遺伝子技術の向上と感染症の発見

一方で近年の、遺伝子を扱う技術の飛躍的な向上は、感染症を早期に発見する上でも、圧倒的な力を発揮しているのも確かだ。たとえば、ＭＥＲＳが比較的早期に見つかったことは、遺伝子の量を増やして検出を可能にする「ＰＣＲ」といった技術の普及に負うところが大きい。逆に言えば、最近さまざまな新しい病気が発見され、次々とニュースになるのは、ある意味で、そのような検査技術の発展の結果でもある。病とは不思議なもので、区別されて名前が与えられると私たちの前に現れてくるが、そうでないと「熱病」などと呼ばれて一くくりにされる。だから、昔は原因不明の病で亡くなる人が大勢いた、ということなのだ。

このように考えていくと、長期的には感染症をあまり心配しなくてよくなるのではないか、とも思えてくるが、本当のところはどうなのだろうか。

問題になっているＭＥＲＳの場合、二〇一二年の確認以降、中東地域を中心にじわじわと拡大し、累計で一〇〇〇人以上が感染、四〇〇人以上が亡くなった。大騒ぎになったＳＡＲＳですら、死亡率は一〇％程度だったのに対し、ＭＥＲＳの死亡率が四〇％と聞くと、恐ろしくもなる。だが死亡率は、医療水準などによっても変わるので、今回の韓国での拡大が、最終的に同じレベルの死亡率に至るとは限らないだろう。

また長期的に見れば、死亡率の高い感染症は長続きしない。これは病原体の立場から考えてみるとよく分かる。ウイルスは自力で生きていくことはできず、なんらかの生き物(宿主)に寄生しなければならない。相手がすぐに死んでしまっては、まさに共倒れである。新しい宿主を転々とするのも大変なので、できれば「長いお付き合い」が理想だ。この点、ヒトに水ぼうそうなどを起こす「ヘルペスウイルス」は、そのような共生戦略の一つの「理想形」である。このウイルスの仲間は、牡蠣(かき)などの無脊椎(むせきつい)動物から、魚類やさまざまな哺乳類に至るまで、ありとあらゆる生物に適応している。いずれも、宿主に致命的なダメージを与えることなく、だらだらとまとわりつくことに成功しているのである。

感染症の流行の原因は

ではなぜ、今回のMERSや、二〇一四年から西アフリカで猛威をふるうエボラ出血熱のような、死亡率の高い感染症の流行が起こるのだろうか。それは第一に、ヒトの生活圏に存在しなかった生き物やウイルスと、私たちが接触する機会が近年、増えたためと考えられるだろう。ヘルペスウイルスの例のように、どんな病原体も「本来の宿主」に対しては、病原性を持たないか、弱い毒性レベルで安定している。しかし、いったんそれまでとは異なる生物への感染に成功すると、話は違ってくる。

ウイルスにとっても宿主を倒すべきではないのだが、個々のウイルスにその判断力はない。宿主への毒性の程度は遺伝子配列で決まる。普通は、宿主を攻撃し過ぎるタイプのウイルスは生き残りにくいのだが、もし頻繁に宿主を乗り換えることができるなら、強毒性タイプでも進化的に有利になるかもしれない。つまり急激に感染拡大が起きる条件が揃（そろ）えば、死亡率の高い疾病でも、短期的には流行を維持できるわけだ。

私たち人類は、長い時間を使って、さまざまなウイルスとある種の共生関係をつくってきた。しかし近年の、過度な自然環境の開発により、これまでは出会う可能性のなかったウイルスと遭遇する機会が増えた。その結果、今回のＭＥＲＳのように、人類は不意の一撃を食らうようになったとも考えられるだろう。また一定の地に局在していたはずの病原体が、グローバル化が進むことによって、世界中に拡散するようになったのも、現代特有の状況だ。

六月一七日現在、この感染症は日本では確認されていないが、一日に一万人以上が行き来する隣国での感染拡大を見れば、いつ国内に上陸してもおかしくない。短期的には当然、封じ込めに全力を尽くすべきだ。しかし長期的な視野に立てば、私たちの文明のスタイルそのものが、新たな病を生んでいるという事実にも、目を向けるべきではないだろうか。

（二〇一五年六月一九日）

はしかの流行とワクチン接種

麻疹（はしか）がじわじわと広がっている。沖縄で旅行者から広まった今回のケースは、愛知に飛び火し、さらに東京などでも確認され、依然として拡大傾向にあるようだ。

若い頃に誰もが経験することを「はしかみたいなもの」と表現する。麻疹をありふれた病と考えている人が多いことの証左だろう。だが決して危険性が低いわけではない。現在でも中耳炎や肺炎などの合併症をしばしば伴い、一〇〇〇人に一人程度は致死性の高い脳炎を発症する。油断は禁物だ。

日本人とはしか

はしかの歴史は古い。たとえば平安時代に「赤斑瘡（あかもがさ）」という病が流行したという記録があり、これが麻疹であった可能性が指摘されている。

江戸時代にも、麻疹が何度か流行したことが知られている。「疱瘡（ほうそう）（天然痘）は見目定め、麻疹は命定め」ということわざがある。これは天然痘では瘢痕（はんこん）（いわゆる「あばた」）ができることから、見た目に影響するが、麻疹は命を落とす、という意味である。実際、文久二年（一八六二年）の「江戸洛中麻疹疫病死亡人調書」には、江戸で約七万六〇〇〇人が死亡したと記録されている。

そんな医療が未発達であった江戸期の人々がすがったのが、「はしか絵」であった。これは、浮世絵版画の「錦絵」の一種であり、はしかの予防、また平癒のための、養生法や呪法などが、絵と文で描かれたものである。非常に多くの種類があり、特に文久二年の大流行の際に刷られたものが有名だ。

たとえば、病気を擬人化した「麻疹童子」というキャラクターは面白い。ふてぶてしい病の化身を、武士のような連中が、成敗するぞと取り囲む。また源為朝（みなもとのためとも）も時々登場する。彼が流刑となった八丈島には、昔から疱瘡がないとされ、それは為朝が疱瘡の鬼を追い払ったからと信じられていた。これがさらに拡大解釈されて麻疹封じの効果もある、となったらしい（史実は「伊豆大島に流刑」なのだが）。

こうして、おびただしい命を奪ってきた麻疹も、近代医学の進歩に伴って病原体が同定され、医学的な性質も明らかにされていく。このウイルスは、インフルエンザなどと比べても感染力が強く、また多くのウイルス感染症と同様に、いったん発症すると基本的には対症療法しかない。そのため、「ワクチン」による予防が重視されることになった。

一九五〇年代は日本でも年間数千人規模で死者が出ていた麻疹だが、急速に患者や犠牲者は減っていく。ただしその減少は、一九六六年のワクチン導入より前から始まっていた。医療史の示すところによれば、一般に、医療技術の進展よりも、栄養状態や公衆衛生の改善の方が感染症制圧への寄与は大きかった。麻疹についても、これは当てはまるのだろう。

さて、日本は元々ワクチン研究が盛んであり、世界的に見てもかなり先進的であった。だが何度かワクチンに伴う「薬害」を経験したことから行政が予防接種に消極的となり、他の先進諸国と比べてワクチンの普及が停滞したとも言われる。

実際、海外では無料で広く受けられるワクチンも、日本ではいまだに任意接種・有料であるといった違いが生じている。これは「ワクチンギャップ」と呼ばれ、最近はやや改善されたものの、医療関係者の間でしばしば問題視されてきた。

それにしても、なぜ内外の差が広がったのか。薬害の負の影響だけが原因と考えてよいのだろうか。まず、感染症を抑える上で、ワクチンが有効であるのは間違いない。同時に、副作用の危険性は、完全には排除できない。これは程度の差はあれ、あらゆる医療に共通する。

悩ましいのは、ワクチンは健康時に打つという点だ。通常の医療であれば病気の時に治療するので、そこにリスクがあったとしても、比較的、抵抗感は薄い。リスクと便益をてんびんにかけ、「仕方がない、手術を受けよう」などと決断するわけだ。

だが、将来の病気を避けるために、とりあえず健康である今、コストと副作用のリスクを引き受けるということは、誰でも簡単に納得できるものではない。そもそも個人にとって、ワクチンの便益は見えづらい。ワクチンを打ったから病気にならなかったのか、あるいは打たなくてもその病気にはならなかったのか、判断は難しい。

ワクチン接種の悩ましさ

ジレンマは、ワクチンを受ける人々だけでなく、その制度を作り、維持する側も抱える。たとえば、ワクチンを義務化したことで潜在的に多くの命が救えたとしても、もし限度を超える副作用が出現すれば、当然重い責任を問われることになる。

結局、ワクチンを実施して被害が出た場合は「誰かの責任」が生じるが、ワクチンを実施せずに、その結果、病気が広がったとしても、そこに責任が存在すること自体、見えにくい。制度の違いもあるだろうが、より本質的には、この非対称性こそが日本と諸外国の間で「ギャップ」が広がった主たる理由ではないか。

日本的な無責任構造の解明は、丸山眞男の中心的な課題の一つであったが、著書『現代政治の思想と行動』で彼は「不作為の責任」の問題に光を当てている。この視点はワクチンの問題とも重なると思われる。

「薬害」の歴史は非常に重い。過去には許しがたい過誤もあった。だがワクチンは、単にやめれば済む問題でもない。私たちは「はしか絵」の時代に戻るわけにもいかないだろう。実に悩ましいが、だからこそ、成熟した知性が求められる。社会全体での議論を喚起したい。

（二〇一八年五月一八日）

二六年ぶりに日本に現れた豚コレラ

亥年だというのに、イノシシが疎まれている。原因は、岐阜県での「豚コレラ」[1]の発生である。ことの始まりは去年(二〇一八年)の夏にさかのぼる。八月、岐阜市のある養豚場で、複数の豚の体調が悪化していた。獣医師は当初「熱射病」と診断したが、感染症の可能性も認められたことから、抗生剤の注射なども行われた。しかし、一向に改善しない。

詳しく病気の原因を調べるため、九月三日に一頭の死亡豚が県中央家畜保健衛生所に持ち込まれた。豚コレラの検査もされたが、陰性。ところが七日の再検査では陽性となり、国の研究機関にサンプルを送って検査したところ診断が確定、九日、日本では実に二六年ぶりとなる「豚コレラ」の発生が明らかになったのだ。

その後、市や県の公的施設も含め、合計六カ所で患畜が見つかり、関係者は対応に追われた。特に六例目にあたる関市の養豚場は規模が大きく、約八〇〇〇頭もの豚を殺処分する必要が生じた。このため岐阜県知事は自衛隊に災害派遣を要請、大規模な埋却処分が行われたのである。

一方、九月一四日に岐阜市内で、死んだ野生のイノシシから、豚コレラウイルス[2]が検出された。その後、現在(二〇一九年一月一五日)までに、発生現場周辺などに生息していたイノシシのうち、約九〇頭から感染が確認されている。このため感染拡大はおもにイノシシが媒介していると推測されている。愛知県犬山市でも、一二月に四頭のイノシシの陽性例が見つかっており、速やかな対応が求められるところだが、野生生物への対策は容易ではない。

豚コレラウイルスとは何か

ここで、豚コレラウイルスについて簡単に確認しておこう。

学問的には「フラビウイルス科ペスチウイルス属」に分類されるが、ヒトの経口感染症「コレラ」は細菌が原因であり、全く無関係である。フラビウイルスの仲間は広く脊椎動物に見られ、二〇一四年に東京で蚊を媒介に広がったデング熱や、C型肝炎のウイルスなど、厄介なものも含まれる。だが、このペスチウイルス属はヒトには病気を起こさないため、仮に豚コレラに感染した肉を人間が食べたとしても、影響はないとされる。

感染経路はほとんどが口や鼻で、糞便や唾液(だえき)などにウイルスが含まれ、広がりやすい。死亡率は高いが、初期症状にあまり特徴がないため、対応が遅れて被害が拡大することも多い。起源については諸説あるが、一九世紀の養豚産業の発展に伴って豚の品種改良が進められた結果、元々豚に潜在していたこのウイルスに対する改良豚の感受性が高まり、発症するようになったと考えられている。

日本では、一八八七年に北海道で発生した記録が最も古く、長年、畜産業を苦しめてきた。だが戦後、生ワクチンによる予防接種が精力的に行われたことにより、急速に発症数が減少、二〇〇七年には国際的な基準でも「清浄国」となった。

豚コレラは、家畜伝染病予防法で定められた「二八種」の家畜伝染病の一つであるが、特に総合的に発生の予防や流行の防止のための措置を求められる「八種」にも指定されている。早期に、この重大な病気を疑うことができなかったのは、今から考えれば反省すべき点であろう。

とはいえ、現場感覚としては、珍しい病気を見つけるのはかなり難しいことであろう。なにしろ、この病気は一九九二年を最後に、日本では一度も発生していなかったし、岐阜県に限れば三六年間、例がなかったのだ。また昨年の夏は猛暑であったので、当初、熱射病を疑ったのも、自然な判断だったといえる。

さらに近年は、家畜の新興・再興感染症が繰り返し大きく社会問題化しており、獣医師などのスタッフへの負担が相当に重くなっていることも忘れるべきではない。

このような問題が起こるたびに、規制が厳しくなる傾向があるが、それが単に現場にしわ寄せが行くようなものでは、かえって実効性が低下する。ルールの改善と同時に、必要な人員や予算を確実に手当てすることも、やはり非常に重要であろう。

人類の環境開発と新ウイルスの出現

最後に少し、視野を広げてこの問題を考えてみたい。実は今、隣の中国では「アフリカ豚コレラ」[3]という全く別のウイルス性疾患が猛威をふるっている。これは、アフリカへの欧州人の入植によって顕在化したとされる豚の病気で、アフリカと、ロシアから東欧にかけての地域で問題になっていた。だが昨年夏、アジアで初めて中国で確認され、現在も拡大を続けている。ヒトへの感染はないが、ワクチンが存在しない点は「豚コレラ」と異なる[4]。いま、世界の豚の約半分が中国で飼われているという。すでに数十万頭が殺処分されたと報じられているが、収束のメドは立っていない。

振り返ってみれば、狂牛病、鳥インフルエンザ、また口蹄疫(こうていえき)と、近年、世界中で家畜の伝染病が繰り返し問題になってきた。それは結局のところ、人類が環境開発によって自己の領域を拡大させ、また工業的な農業によって肉食を推し進めた結果でもある。さらにグローバル化の進展が病原体の拡散を加速したことも否定できない。そういう意味では、豚もイノシシも、被害者だろう。

多くの識者が指摘してきたことではあるが、人類の突出した活動が、地球上の生命系を混乱させ、その結果が今、ブーメランのように人類に戻ってきている。この現状について、豚コレラの拡大を契機に、私たちは改めて考えてみるべきではないか。容易に答えが出ない難問だからこそ、向き合い続けるべきだろう。

(二〇一九年一月一八日)

II
自然災害と地球環境のリスク

甚大な被害をもたらした台風 19 号(2019 年 10 月 13 日、水戸市)

御嶽山の突然の噴火

一九七九年一〇月二八日早朝、御嶽山(おんたけさん)は有史以来初めての噴火を起こした。幸いにしてこの時は犠牲者は出なかった。だが今年(二〇一四年)九月二七日に起きた噴火では、登山を楽しんでいた五七人の尊い命が奪われ、いまだ六人の方が行方不明である(1)。

噴火の大きさは、噴出物の量で比較することが多く、一九七九年と二〇一四年の噴火は、いずれも数十万から一〇〇万トン程度の噴出物と推定されている。両者の規模に差はあまりないが、近年の登山者の増加、加えて紅葉の季節で土曜日の昼という最悪のタイミングだったことが、被害を大きくしたとも指摘されている。

一九九一年に起きた雲仙・普賢岳の火砕流による犠牲者の数を上回る被害が出たことで、改めて私たちが火山列島に住まう民であることを強烈に想起させられた。東日本大震災を経験した私たちの社会では、地震や津波については大いに注目されたが、火山についてはやや死角になっていたかもしれない。実際、政府は今回の噴火を受け、常時監視対象となっている全国四七(2)の火山に関わる自治体に対し、具体的な避難計画の作成を求めている。事前に計画を策定していたのは、関係市町村一三〇のうち、二〇に過ぎなかったからである。

意味を失った「死火山」「休火山」という分類

日本列島には約二五〇の火山がある。そのうちの一一〇[3]が「活火山」とされる。現在、その学術的な定義は「概(おお)ね過去一万年以内に噴火した火山及び現在活発な噴気活動のある火山」となっている。一般的な感覚では「活火山は危険、死火山は安全」と感じられるかもしれない。だがこのような分類基準は、科学の発展に従って変化していくものだ。

かつて御嶽山は、形態的には明らかに火山だが、噴火の歴史的記録がなく、すでに活動を終えた「死火山」とされていた。だが、一九六八年から活動を始め、一九七九年の噴火に至った。このことから、人の手による記録が存在するかどうかで火山を分類しても、科学的な意義は乏しいと考えられるようになった。

同様の理由で「休火山」という用語もすでに使われなくなっており、たとえば富士山も今は正真正銘の活火山に分類されている。その後、専門家たちは「過去二〇〇〇年の間に活動が認められるもの」を活火山としたが、データが蓄積されるにつれ、この基準を超えて噴火する火山も多く見つかり、現在の「一万年」という基準になった。今後、新しい知見が増えることで、また分類が変わることもあり得るだろう。

一方、我が国では、噴火予知への期待も大きい。日本はこの分野の世界最先端を走っており、地震の予知に比べると、実用のレベルに近づいているといえる。二〇〇〇年の有珠山や三宅島の雄山(おやま)の噴火では、事前の予知に成功し、住民の避難にも成功した。しかし残念ながら、御嶽山の例でも分かるとおり、すべての火山でうまくいくわけではない。

その理由として、火山にはいわば「個性」があることが挙げられる。有珠山のような火山は噴火の間隔が短く、観測データの蓄積も豊富だ。科学とは要するに過去の例を一般化して予測する学問だから、事例が多ければ精度が上がり、逆に初めて起こる事態に対しては、基本的には対処のしようがない。

火山と日本人

概して科学の言葉は、世界のありのままを表現する知的ツールと見なされやすい。だが先ほどの火山の定義の変遷からも分かるように、実際は人類の現時点における「認識の限界」を表現しているに過ぎない、という見方も可能だろう。

とりわけ、火山をふくめた地球科学的な現象、また生命進化や宇宙などの時間スケールは、私たち人類の時間感覚をはるかに超える。たかだか一〇〇年単位のオーダーの歴史しかもたない人類の近代科学が、どこまで自然界の「真実」に迫っているのかと疑い出すと、徐々に不安が増してくるのも否めない。

　悩ましいのは、現代の私たちの世界認識の基礎は、とにもかくにもこの近代科学のシステムにどっぷりとつかっているという点だ。だから科学の限界が即、不安の始まりになってしまう。ではいったい私たちは、どうしたらいいのか。

　これは大変な難問なので、ここで答えが出せるわけもないが、少なくとも火山に関しては、視点を変えることで私たちの心持ちをやや落ち着かせることはできるかもしれない。

　それは、この日本列島がそもそも四枚のプレートのせめぎあいから生まれた島々だ、という事実である。私たちの先祖は、遠い昔からこの「地殻が元気すぎる島」に住んできた。世界有数の量を誇る温泉はもちろんのこと、急峻（きゅうしゅん）な地形が作り出す美しい景観や豊富な清流、さらには豊かな海の幸なども、長年にわたる大地の激しい活動と無縁ではない。火山もまた、私たちの歴史を作ってきた「メンバーの一員」なのである。

　科学の発展には大いに期待すべきであるし、また防災への取り組みも非常に重要だ。だが同時に、私たちに与えられた本源的な条件と折り合いをつけていく、そういう心の構えを忘れないことも、自然の猛威と向き合う上で大切なことと思うのだ。


（二〇一四年一二月一八日）

「宙づりの日々」

ここのところ、誰の目から見ても大地の様子がおかしい。率直に言って、以前はこんなに噴火しなかったし、こんなに揺れなかった。一〇〇〇年に一度といわれる東日本大震災をきっかけに、すでに日本全体の地殻が大きな活動期に入ったと指摘する専門家もいる。この不安な状況がいつまで続くのか、またどの程度深刻なのかはさまざまな見方があるが、私たちが無条件に安心できるような証拠は、なかなか見つからない。

そんな今、最も厄介なのは、白でも黒でもないグレーな日々に、私たちが「宙づり」になっていることかもしれない。たとえば本日金曜日の夕刻、関東平野の地下深くに隠れていた断層が遂に動き、直下型の巨大地震が通勤ラッシュの首都圏を襲って、すさまじい被害が出る可能性はゼロではない。だが当然のこととして私たちは、そのリスクを理由に今日、出勤を拒むわけにはいかない。要するに、さまざまな不安や懸念が予想されていたとしても、自分の生活圏に確実に災禍が訪れるとの判断が下されるまでは、あくまで私たちは、昨日と同じ日常を生きていくよりないのである。

いや、仮に破局的な災害が起きたとしても、私たちはきっと、部分的にでもいつもの暮らしぶりを維持しようと努めるだろう。「日常」は強い慣性を持っている。それは、かけがえのない営みであり、容易に代替できないからである。私たちは「今」「ここ」に居を構え、「この」生業に就き、あるいは「この」学舎に通い、「この」街とともに呼吸し、時を積み重ねてきた。この生活を、他のやり方で代替することは、さまざまな苦痛と困難を伴うだろう。私たちの「日常」は、単なる消費や生産といった行為に還元できない、個人の存在そのものと深く結びついているのである。

「風評被害」をどう考えるか

ある意味でこのちょうど逆が、「風評被害」と呼ばれる現象ではないか。現実を直視するならば、日本列島は、至るところで噴火の被害が生じうるし、巨大地震が起きないと断言できる土地など、ほとんどない。それはまさに歴史が証明している。

しかし、ある日、特定の地域に限局された、なんらかの「兆候」、たとえば噴火の兆しが現れたならば、専門家も行政も無視するわけにはいかないだろう。その判断に不確実性が伴うのは間違いないが、学術的な理論と観測データによって、その地域にある種の危険が迫っているというシナリオが示唆される以上、地図には線が引かれ、市民生活や商業活動は制限されることになる。そうやって、長期的にはどこも危ないはずなのに、短期的には特定の地域だけが名指しされる。そして、その事実自体が、外部に住む人々の「想像力」を刺激し、合理的に考えるならば「安全」とされる場所であっても、なんらかの理由で「警戒地域」との近接性が意識されるならば、たとえば「客足の減少」といった現象を、現実に惹起してしまう場合がある。

このような「風評被害」の本当の原因は何だろうか。報道の仕方なども影響するだろう。消費者の考え方や、リスクを読み解く力の違いによっても結果は大きく変わるだろう。しかし、この現象が起こるかどうかに最も影響を与える要因は、残念ながら、当該地域の持つ総合的な効用が、他の方法で代替できるかどうか、という点にあると思われる。

むろん、同じ場所であっても、その土地と人間の関係性によって、代替可能性は変わる。だが「消費者と生産者」という関係以上の結び付きがない場合、その地域の持つ経済的価値を他の方法で代替できるならば、どれほど軽微なリスクの兆候であっても、そこを避けようとするのが標準的な消費者の行動である。

このように考えていくならば、科学的不確実性を伴うリスク情報が存在し、かつ、自由な消費活動が保障された現代社会を生きる以上、その商品やサービスの価値がなんらかの形で代替可能であれば、程度の差はあれ、風評被害の発生は避けられない、という厳しい結論に至るだろう。消費者のマインドや、報道マナーも重要だろうが、それらはこの問題の本質を突いたものではないと考えられるのだ。

「その日」が来る前に

ではどうすべきか。自由な消費活動を抑制したり、情報を統制したりすることでも、風評被害は防げるだろうが、それはあまりに副作用が大きい。

そこで一つのアイデアとして、潜在的な被害地域が幅広く連帯し、風評被害に備えて保険金を積み立てるのはどうだろうか。程度の差はあれ、この列島は至るところに地殻変動のリスクが隠れているのだから、将来、風評被害を受ける可能性がある地域が、今、風評に苦しむ地域の人々に手を差し伸べ、支え合うことは、最も理に適っているように思われる。

だが、このように考えると気づかされることがある。それは、代替可能ではないものには保険も掛けようがない、という事実だ。そう、首都圏がやられたら、誰がそれを支えられるのか。まさに「かけがえのない街」だからだろうか、今のところ、首都圏から人々が逃げ出す気配はない。しかし、「その日」が来る前に私たちは、首都の代替ができる都市を用意して、少しでも価値あるものを分散させ、また人口の密集度を下げることで、できる限りの「保険」を掛けておくべきではなかろうか。

「宙づりの日々」が、いつまで続くのかは分からない。だが唯一「備えること」だけは、グレーな日々を生きる私たちに許されているのだ。

（二〇一五年七月一〇日）

繰り返す豪雨災、力ずくの治水の限界

またもや「記録的な」という言葉が紙面にあふれた。関東・東北地方を襲った豪雨は、鬼怒川や渋井川を決壊させ、茨城・栃木・宮城の三県で八人もの尊い命が奪われた（二〇一五年九月一六日現在）。とりわけ、茨城県常総市での鬼怒川の氾濫の影響は甚大であり、一時は約四〇平方キロに被害が及び、五〇〇〇人以上が避難するに至った[1]。

今回の豪雨は特に酷いものであったが、このような災害は、鉄砲水や土砂崩れなども含め、日本全国で繰り返されている。これまで営々と堤防が築かれ、護岸工事がなされ、また大きなダムも多数建設されてきたのだから、そろそろ水害を押さえ込むことはできないものかと、専門外の私は、つい思ってしまう。だが「治水」の歴史を少し紐解いてみると、そう簡単な話ではないことが分かってくる。

以下、河川工学の泰斗である大熊孝氏の名著、『洪水と治水の河川史』（平凡社）を参照しつつ、考えてみたい。

河川管理の日本史

明治以前の幕藩体制は分権的な社会であったが、大きな河川は複数の藩を通過することも多く、上流から下流までの一貫した治水対策を講ずることは難しかった。そもそも同じ藩であっても、水に関しては集落ごとに利害が対立することはまれではない。農業のための「水利権」の争いの痕跡は、各地の郷土史に刻まれているが、防災の観点からも水は争いの種であったのである。

たとえば豪雨によって水かさが増した時、川の片岸が決壊することは、しばしば川の反対側の集落を水害から守ることにつながる。そこで時には、相手側の堤防を故意に破壊することで、自らの集落を救おうとする「強硬手段」もとられたという。

川を巡る地域間対立で有名なのは、「御囲堤(おかこいつつみ)」のエピソードであろう。木曽川の尾張側に築かれたこの堤防は、現在も犬山から弥富に至るまで続き、美しい景観の一部となっている。だがこれは、尾張を洪水から守る代わりに、美濃側で水害を頻発させる要因の一つにもなったのだ。「美濃側の堤防は、尾張側よりも三尺(約一メートル)低くしなければならない」という不文律があった、などという伝承も知られている。この話は、御三家の一つ尾張藩の政治力を想起すると、確かに説得力もあるが、最近の詳細な研究によれば、歴史的な根拠は見当たらないことが明らかになってきている。だが少なくとも、美濃側では水害が多発し、その結果、周囲を堤防で丸く囲んだ「輪中(わじゅう)」が発達したことは間違いない。それぞれの輪中同士の利害対立も深刻であったと言われている。

このような地域間対立は、明治以降の中央集権化によって、解消されていく。河川を統一的に管理する強力な権力の登場によって、地域のミクロな緊張は、中央政府へと吸収されていったのである。近代化は一般に、技術と権力の再配置を伴うが、多くの権限が中央政府に集中することになった。テクノロジーの発展と権力の集中によって、より大きなリスクを管理することが可能になり、私たちは安全と自由を享受するようになったのである。

一見、全てが改善されたようにも思える。しかし同時に、別の副作用も表れてきた。まず、巨大な集権システムに河川管理が委任されたことで、それを自らの共同体の問題と見なす意識が希薄になっていき、逆に「お上任せ」の傾向が強まったのである。本来、川には個性があり、長い歴史に基づく地域の「つきあい方」がある。そのようなノウハウは、ローカルな知として蓄積されていることも多い。集権的なシステムは、専門主義の名の下に、これらを軽視することも少なくない。

また、河川を統一的に管理するといっても、結局は、どこかにリスクを集中させ、転嫁した結果である場合も多い。たとえば、ダムの便益は広範囲に及ぶが、不利益はダムの底に沈む共同体に集中してしまう、というような事例が典型的だ。

「力を力で押さえ込む」というやり方の限界

リスクの偏在は、このような空間的なものだけではない。堤防をより高くするというやり方は、被害を受ける頻度を減らすだろうが、ごくまれにやってくる「尋常でない豪雨」によって、いったん川が氾濫してしまうと、その被害の大きさは以前より大きくなるはずだ。壁が高ければ高いほど、破れた時に失うものは大きくなるのである。実際、埼玉・東京を流れる荒川の場合、二〇〇年に一度の大豪雨によって決壊すると、条件によっては一〇〇〇人単位で死者が出て、地下鉄網を通じて被害は都心部にまで及び、甚大な被害が生じるという予測もある。

これに対して、さらに高くて強靭（きょうじん）な堤防で対抗しよう、という意見もある。予算配分の問題を措（お）けば、これも一つの解決法であろう。しかし、このような「力を力で押さえ込む」というやり方は、きりがない。堤防を高くすることで、知らぬ間に、より危険なギャンブルへと、掛け金を積み上げているということはないだろうか。

陳腐な結論だが、結局、人間は自然とのいたちごっこを繰り返しているだけなのか、とも思えてくる。二〇〇年どころか、一〇〇〇年に一度という大震災をすでに経験した私たちは、そろそろ自然との向き合い方を、根本的に組み立て直すべき時期にあるのではないか。むろん、江戸時代に戻るだけでは問題は解決しないが、歴史には何かのヒントはあるはずだ。日本の人口のほとんどが集中する沖積平野は、幾たびもの洪水によって形作られたもの、という、高校時代に地理の授業で聞いた言葉を思い出しながら、そう感じた。

（二〇一五年九月一八日）

地震のリスク――予知より「備え」に智恵を

東日本大震災から五年になる。マグニチュード(M)九・〇という巨大地震が招いた、信じがたい惨状を前にして、「なぜまだ地震は予知できないのか」と、苛立ちを覚えた方も多かったのではないか。

日本には「大規模地震対策特別措置法」、通称「大震法」という法律がある。[1] これは「東海地震」を予知することを主な目的として作られたもので、制定された一九七八年以来、監視体制の整備などに莫大な予算が投じられてきた。東海地震はその発生の寸前に「前兆滑り」といった現象が起こるだろうと考えられており、これが観測された時点で専門家からなる「判定会」が開かれる。そして、もし事態が切迫していると判断されたならば、内閣総理大臣が「警戒宣言」を出す。そうなれば、対象となる地域では住民の避難や交通規制、百貨店などの営業中止などが実施され、市民生活は大きく制限されることになる。それはほとんど「戒厳令」と言ってよいほどだ。

さて、この法律は当然ながら「東海地震は直前に予知できる」ということを前提に作られている。一九六〇年代から一九七〇年代は、たくさんのデータを集めることで地震予知が可能になるのではないか、と期待する研究者が多かった。事実この時期、世界各国で地震の前兆を捉えたという報告が相次いだ。さらに一九七五年に中国で起きた「海城地震」では、予知情報に基づいて政府が大規模な避難を実施し、犠牲者をかなり減らすことに成功したとの報告があったのである。

そして翌年、有名な「東海地震説」が発表され、地震予知に注目が集まる。さらに一九七八年一月には「伊豆大島近海地震」が発生、二五人の犠牲者が出たこともあって、当時の福田赳夫首相の肝いりで一気に成立したのが、この大震法であった。

「地震予知」の限界

しかしその後、大地震の前兆をつかめないケースが目立ってくる。一九八五年のメキシコ地震、一九八八年のアルメニア地震など、いずれも前兆を捉えることはできなかった。実は大震法ができる前にも、大きな地震の予知の失敗があった。中国の「唐山地震」(一九七六年)である。文化大革命の最中であったことから正確な犠牲者数は不明だが、公式には二四万、一説には六五万人もの犠牲者が出たとされる。日本でも、奥尻島に大きな被害をもたらした北海道南西沖地震(一九九三年)や阪神大震災(一九九五年)など、大きな被害が出る地震が多発したが、予知に成功した例は一つもない。

阪神大震災を契機に研究体制も見直され、「直前予知」から「今後三〇年間のM七級地震の発生確率」といった、中長期的かつ確率的な予測へと軸足は移った。さらに東日本大震災の発生をうけ、二〇一三年には、ついに国の中央防災会議が「確度の高い地震予測は困難」との判断を示した。しかし大震法自体は今も生きている。

世界的には地震予知に懐疑的な研究者は少なくない。とりわけ英米系の学者は、予知は無理という立場が多数派だ。一方で、従来の地震波などの解析のみならず、地電流や空気中のイオンの量の計測なども含め、総合的な研究を進めるべきだ、と主張する研究者もいる。

だが問題は予知の科学的な可能性だけではない。まず、仮に将来に見込みがあるとして、今後どのくらいの予算を投じるべきなのだろうか。

地震予知に関する研究は、宇宙開発や海洋開発のような、いわゆる「ビッグサイエンス」と比べると予算規模はずっと小さいが、地球物理学系の研究のなかでは、かなり大きな予算が投じられてきた。

一方、たとえば阪神大震災では、家が潰れたり家具が倒れたりしたことによる「窒息死・圧死」が死因の約八割であった。東日本大震災では、津波による犠牲者が九割を占めている。人命を救うという観点に立てば、地震発生を前提とした耐震性の向上や、避難に関する研究や対策のための予算を、より重視すべきであろう。

実態に即した対策を始めるべき

もう一点、そもそも前兆をつかむことができたとしても、その情報を政府がどう扱うのかは難問だ。地震の専門家が出すリスク情報は大きく三段階に分かれるが、たとえば「黄色信号」が灯(とも)った時、政府はどうすべきか。判断を誤れば被害が拡大する。逆に、仮に警戒宣言を出して、それが「空振り」だった場合の経済的被害も甚大である。新幹線を止める決断を、政府はできるのか。また、結局は専門家の判断に従うというのならば、学者に責任を押しつけることになる。いずれにせよ、そこには大きなジレンマがある。グレーゾーンのリスクをどう処理するかは、現代社会の難問なのだ。

台風の進路予想のように「地震予報」が実用化されたら、どんなに安心か。しかしそれは相当に難しい。基礎研究を続けることは大切だが、新たな知見を得たならば、制度やその運用方法も改めるべきであろう。

むしろ私たちが今注力すべきは、大都市を襲う地震、とりわけ首都直下型地震へのリアルな備えではないか。「その時」どうすれば犠牲者を最少化できるのか。また何よりも東京に一極集中するあらゆる「資源」を分散化するには、本当のところ、どういう手段が有効なのか。この問題も長年指摘されながら、逆に事態は悪化しているが、真剣に智恵(ちえ)を絞るべき時期が来ている。

「愚者は経験に学び、賢者は歴史に学ぶ」という格言がある。だがこの国は今、経験にすら学べていないのではないか。いずれまた大地震がやってくる。一刻も早く、本当に有効で、実態に即した対策を始めるべきであると、痛切に感じる。

(二〇一六年二月一九日)

未来のリスク

前回の本コラム(V部「過剰なバッシングのメカニズム」)で、「このところ個人へのバッシングが目立つが、その陰で私たちは、より大きな問題から逃げてはいないか」と問いかけた。その原稿が確定した直後、熊本で大きな地震が発生した。まさに地震は「より大きな問題」の典型であろう。四九人もの尊い命が奪われ、いまだに一人の若者の行方が分からない(1)。一カ月あまりが経過した現在も、約一万人が避難所で生活を続けている。災害はいまだ進行形であり、被災者の視点に立った支援を、国全体で粘り強く続けていく必要があるだろう。

一方、今回の地震では、これまでにない特徴も目立つ。まず、本震と思われた一四日の地震の二八時間後に、さらに大きな地震が襲ったことだ。二月の本コラム(「地震のリスク」)でも予知の難しさに触れたが、一つの地震が起きた後の経過を予測することは、一種の地震予知である。普通は徐々に余震の規模が小さくなるが、今回は経験則と一致しなかった。また、強い揺れが立て続けに起こったことで、最初の地震には耐えたが、二度目で倒壊した建築物もあった。防災上、大きな課題を残したといえるだろう。

首都直下型地震の恐怖

依然として、私たちは地震について知らないことが多々ある。だが、はっきりしていることもある。まず、地球上で地震の発生する場所には大きな偏りがあり、日本は世界有数の「地震の巣」であること。これは日本列島が存在する限り、残念ながら今後も変わることはない。

また地震の被害は、人間の社会と自然現象の相互作用で決まるという点も、間違いないことだ。たとえば今回の熊本地震と二一年前の阪神大震災は、本震のエネルギーはほぼ同等で、どちらも最大震度七を記録している。しかし、直接的な犠牲者の数は一〇〇倍以上の開きがあった。これは、さまざまな要因が関わっていると考えられるが、少なくとも人口密度が大きなファクターであるのは確かだ。

日本では三大都市圏に人口が集まり、とりわけ首都圏への集中が著しい。しかし、いずれは首都圏にも巨大地震が襲うだろう。さまざまなシミュレーションもあるが、今回の地震のように経験則を逸脱した事態が起これば、「想定外」の巨大な被害が出る可能性も十分にある。

緊密に結びついた金融システムにおいて、その一部の機関などに機能不全が起こり、金融システム全体に悪影響が広がることを経済用語で「システミック・リスク」と呼ぶ。それと同様に、これだけ大規模で複雑化した首都圏が、大地震によって一定以上のダメージを受けた場合、社会システム全体で複雑な連鎖反応が生じるだろう。場合によっては、世界中を巻き込む巨大なインパクトとなるかもしれない。どれだけ多くの命と富が失われるか。想像するだけで恐ろしい。

このような議論に対し、少し不快な気分になった読者もおられるかもしれない。「そんなことを言ったって、どうしようもないだろう」、そういう声も聞こえてきそうだ。確かに解決は容易ではない。

「不吉な未来について語ること」と首都機能移転論議

ここで少し異なる角度から考えてみよう。一般に、不吉な未来について語ることを、好まない人は多い。だがそれはもしかすると、「言霊思想」の影響かもしれない。

これは、かつてどこの文化圏にも見られたものだが、要するに「言葉にすると、それが現実に起こる」という信念のことである。現在の欧米では、この種の考え方はほとんど見られない。その理由はおそらく、他の呪術的な要素とともに、言霊思想もキリスト教によっていわば「漂白」され、その土台の上に西洋近代社会が構築されたためであろう。

さて、この信念が共有されている社会において、未来のリスクについて語ることは、別の意味で「危うい」行為となる。なぜなら、リスクを語る者は、「危険をもたらそうとしている」と見なされるからだ。

もちろん、多くの現代人はそんな迷信めいたことは考えていないと自任しているだろう。それでも、「縁起でもないことを言うな」と私たちが告げる時、ある種の言霊思想的な圧力の影響下にあるとは考えられないか。だとすれば、この社会がリスクと向き合う上で、それが障害となっている可能性は否定できない。問題を認識しながら対処ができず追い込まれる企業も多いが、「都合の悪いことは口に出せない」という、この思想の影響もあるかもしれない。

私たちの生きるこの「近代」という時代は、科学の知によって未来を予測し、それに基づく技術によって諸課題を解決してきた。その達成は目を見張るものがあった。しかし、「できること」が増えれば増えるほど、「できないこと」が目立ってくるものだ。地震は、近代の成功物語からこぼれ落ちた難問であろう。そのような厳しい現実を前にした時、近代以前から続く古い心性が、不意に頭をもたげてくることはないか。

実際、私たちの社会はつい最近まで、首都を移転するつもりでいた。一九九二年には「国会等の移転に関する法律」が成立し、候補地の選定などが動き出したのだ。しかしいつの間にかその勢いは衰え、東日本大震災を経験したにもかかわらず、事実上、東京一極集中は続いている。

首都機能の分散化は、政治的にも経済的にも、非常に困難な課題であることは確かだ。しかし日本列島が地殻の活動期に入ったと考える専門家も少なくない。巨大なリスクから目をそらさない健全な理性を、私たちの社会が備えているか。今、まさにそのことが試されている。

（二〇一六年五月二〇日）

新潟県糸魚川・アスクル火災の教訓

昨年(二〇一六年)末、新潟県糸魚川市の店舗から発生した火事は、折からの強風にあおられて拡大、創業二〇〇年と言われる老舗割烹(かっぽう)「鶴来家」なども含め、一四四棟[1]を焼いた。鎮火までに三〇時間を要し、面積にして約四万平方メートルが焼失する大火災となったが、避難勧告を市が早期に出したこともあり、犠牲者が出なかったことは不幸中の幸いであった。

一方、事務用品通販会社「アスクル」の埼玉県三芳町の物流倉庫で先月(二〇一七年二月)発生した火災でも、およそ四万五〇〇〇平方メートルが焼失した。倉庫内には紙類など燃えやすいものが多く、また建物の構造上、注水が容易ではなかったことから、消火作業は難航した。その結果、火の勢いが衰えるまでに六日がかかり、完全な鎮火には一二日余りを費やした。こちらも幸いにして犠牲者は出なかった。

二つの事件は、条件の全く異なる火災ではあるものの、鎮火が難しく、いずれも、およそ「東京ドーム一個分」が焼失したという点では共通する。私たちの社会にとって、依然として火災が大きな脅威であることを思い知らされた事例といえるだろう。

米国ペンシルベニア州には、炭鉱火災が鎮火できず、有毒ガスが発生するなどしたため、住民がまるごと移住を余儀なくされた町がある。しかも五〇年以上を経た現在もいまだに燃え続けている。似たような「地下の火災」はインドやトルクメニスタンにもあり、実は北海道の夕張市にも約九〇年前の火災で閉鎖されて以降、今もくすぶり続けている炭鉱跡がある。

人類は、火を扱うことで他の生物とは全く別の未来を切り開いてきた。しかし、炭鉱という特殊な例ではあるものの、人類は火というものをいまだにコントロールできていないのかもしれない、そんな不安を感じさせる話である。

世界三大火事

「世界三大火事」というものをご存じだろうか。西暦六四年のローマ、一六五七年の江戸、そして一六六六年のロンドンの大火を指すという。その江戸の火事は、講談の「振袖火事の由来」で知られる、「明暦の大火」のことだ。ある振り袖を着た娘が亡くなり、その同じ振り袖を引き継いだ別の二人の娘も亡くなったため、不吉だからと寺で焼こうとしたところ、火がついたまま空を舞い、ついには江戸を焼き尽くしてしまったという。この「怪談」は後の創作とされ、実際の出火原因はよく分かっていない。だが一説には犠牲者は一〇万人を超え、焼失面積は約二六平方キロ、これは東京ドーム約五五〇個に相当し、江戸期最悪の被害をもたらした火災であったのは間違いない。

ほぼ同じ時期にやはり大火に見舞われたロンドンは、罹災後、国家的な事業として石造りによる耐火建築化がなされていった。一方、江戸でも防火対策が進んだが、耐火性を高めるよりも、延焼を防ぐための幅の広い道路「広小路」や「火除地」などの空間を作るといった、いわば都市計画によって対応しようとした。両者のリスクマネジメントに対する姿勢の違いは対照的である。

明治維新以降は、東京にも耐火建築が増えていき、江戸期のように市街地が広範囲に燃えるというような火災は減ったが、同時に建築物が増えたために建物の密集度は高まり、潜在的な危険性が高まった。そのような東京の脆弱性が明確に可視化されたのは、一九二三年の関東大震災であろう。広く知られている通り、これは「火の地震」であった。最新の研究では、死者・行方不明者の総数は約一〇万五〇〇〇人と推定されているが、最初の地震動による圧死が一万数千人であるのに対し、九万人を超える人々が火災によって亡くなったとされる。

特に被害が大きかったのは、両国にあった「陸軍省被服廠跡地」である。たまたまそこには、七万平方メートル弱の工場跡の空き地があり、自宅が倒壊した人々など約四万人が、家財道具などを持って避難してきたのである。当初は、難を逃れることができて安堵した様子すらあったという。ところが周囲から火事が接近して荷物に火がつき、さらに「火災旋風」という現象も起こったことで、避難者のほとんどが死亡した。

実は、江戸末期の「安政江戸地震」でも、大正の関東大震災と同程度の揺れが襲い、火災も起きたが、焼失面積は関東大震災の方がはるかに大きかった。主な原因としては、強風の影響が指摘されている。しかし同時に、個々の建築の耐火性が高まっても、都市全体としての防災機能は必ずしも向上していなかったということも、考えられるだろう。

地震の恐ろしさ

ここで、冒頭に言及した二つの火災について改めて考えてみよう。いずれも、地震とは無関係の単独の火災であったから、ライフラインが止まることもほぼなかったし、消火のための資源は一定程度投入できたはずである。それにもかかわらず、風速や建物の構造などの条件次第では、現代の消火技術でも容易に鎮火することができないことが明らかになった。たとえば仮に、首都直下型地震が起きた場合、同時多発的にこのような火災が発生し、しかも水道が止まり、道路もまともに使えないという状況は十分に生じうるだろう。その時、東京はどこまで、いつまで燃え続けるのだろうか。

東日本大震災では「水」に多くの尊い命が奪われた。だが地震の恐ろしさはそれだけではない。未来の「世界三大火事」に「東京・二〇XX年」といった言葉が加わらないためにも、私たちの社会は、都市システム全体の防災対策を、さらに真剣に進めていくべきであろう。

（二〇一七年三月一七日）

ヒアリ騒動を考える

兵庫県尼崎市で五月下旬、中国からの貨物コンテナにおいて、毒性が強いことで知られる外来種のアリ、「ヒアリ」が国内で初めて見つかった。この確認を契機に、全国で調査が進められたところ、大阪、東京、横浜などの大きな港湾の周辺のみならず、茨城県常陸太田市や愛知県春日井市などの内陸部でも、次々とヒアリの存在が確認された。

見た目が日本のアリと似ていることや、仮に刺されると、重篤なケースでは死亡例もあると報じられたこともあり、私たちの社会は「新たな敵」の登場に動揺している。危険な外来生物は、当然、水際で防ぐのが肝要であるが、監視体制が高まったことで、今後も意外なところまでヒアリが侵入していたことが判明し、驚かされるかもしれない。しかし、新しい問題が出現した今だからこそ、少し距離をおいて、問題の全体像を把握することに努めることも大切であろう。

人体への危険性は

ヒアリは元々南米中部に分布する昆虫だが、二〇世紀前半に米国に上陸したことが知られている。

一九三〇年代にアラバマ州の港から荷物と一緒に入り込んだとされるヒアリは、急速に生息域を拡大、一九五七年には連邦議会が根絶のための大規模な予算を措置したが、成功しなかった。その後も米国はヒアリ制圧に向けて尽力したが、一九七五年までに五二万平方キロメートル、また二〇〇六年には少なくとも一三〇万平方キロメートルにまで拡大してしまった。

現在はおおむね、テキサスからアラバマ、フロリダなどを経て、ノースカロライナに至る、南東部の広い範囲の州に定着している。これらの地域では、およそ四〇〇〇万人以上が「ヒアリとともに」暮らしており、毎年、一四〇〇万人が刺されているという推計もある。

誰もが気になるのは人体への危険性だろう。しかし、米国での被害者数の統計については、管見の限り、しっかりとしたものは見当たらなかった。比較的に包括的な調査としては、米国アレルギー免疫学会が一九八九年に行ったアンケートの報告があり、よく引用されている。これは、約三万人の医師に郵便で質問票を送り、その一割弱から回答を得たというものだ。最初の質問として「ヒアリに関連した死亡例を知っていますか?」という問いがあるが、八十数人が「はい」と答えたという。これだけを見ると、少し怖い気持ちにもなるだろう。

だが実は、この八十数人のうち、本人や同僚の医師の診療などに基づく確実な数字は、その四分の一に過ぎなかった。多くは、「ニュースで知った」や「うわさで聞いた」などであり、重複していた可能性もある。さらにいえば、この調査は対象期間が明示されていないので、ヒアリの危険性を定量的に理解するにはあまり役に立たない。

もっとも、このリポートの著者は「本調査は統計的な発生件数を確定させるためのものではない」と、明記している。この論文がさまざまなところで引用された結果、その数字だけが独り歩きし、「死亡率の高い危険な昆虫」というイメージが定着したとも考えられるだろう。社会問題に関わる文脈において、科学的知識を適切に扱うことの難しさが、ここに現れているともいえる。

もちろん、ヒアリによる「アナフィラキシー」を甘く見てはいけない。これは、急速な強いアレルギー反応のことで、血圧の低下や意識障害などを伴い、時には生命を脅かす。原因は色々あるが、体質によっては、特定の食物や薬品などで発症するケースもある。このアナフィラキシーが、ヒアリに刺された人に起きる確率は「〇・六%から六%」とされる。仮に発症したとしても、アドレナリンを打つなど、適切な処置を行えば、ほとんどが治療可能だということも押さえておきたい。

ちなみに、ハチによる死亡も、アナフィラキシーが原因である。日本全国で毎年何人がハチに刺されているかは分からないが、米国南東部の住民のおよそ三人に一人が、年に一度は刺されるというヒアリ被害に比べれば、日本でハチに刺される件数は、相当に少ないだろう。それでも、最近の日本では二〇人前後の方が、毎年、不幸にしてハチに命を奪われている。こうしてみると、改めて、特にスズメバチのリスクが大きいことを思い知らされる。逆に言えば、ヒアリに刺されることは、少なくともスズメバチに刺されることに比べれば、はるかに健康への影響は小さいと推定できるだろう。

リスクの全体像を捉えよう

一方で、米国におけるヒアリ対策の費用は莫大だ。米国農務省によれば、毎年、ヒアリの制御、被害の修復、そして人の治療のために七〇億ドルが費やされているという。人への健康リスクに注目が集まりがちなヒアリ被害だが、農畜産業への悪影響や、生態系の破壊といった、別の問題を引き起こしていることも忘れてはならないだろう。

二一世紀に入ってからヒアリは、急速に環太平洋諸国に拡大し、すでにオーストラリア、マレーシア、台湾、中国などにも広がっている。その背景にはグローバル化や経済発展による物流の増大に加え、近年の地球温暖化との関係を指摘する研究者もいる。まさに人間の活動そのものが、ヒアリの被害を拡大しているのである。日本が、この「小さな強敵」の侵入を防げるかどうかは、まだ分からない。だが、すでに半世紀以上にわたる戦いを続けてきたにもかかわらず、制圧できなかった米国を私たちは反面教師とし、今こそ十全な対策を講じるべきであろう。

（二〇一七年七月二一日）

地球温暖化問題はなぜ難しいか

この夏、列島は激しい雨に脅かされている。特に七月上旬(二〇一七年)の九州北部の集中豪雨では、四〇人を超す死者・行方不明者が出るなど深刻な被害が出た。町を埋め尽くす流木の映像に驚いた方も多かったのではないか。

各地の被災現場では、しばしば「長くこの土地で暮らしてきたが、こんなことは初めて」と語る老人の姿が見られた。「数十年に一度の豪雨」といった言葉も頻繁に聞く。他にも、ゲリラ豪雨や竜巻、寿命が長すぎる台風など、異常気象に関するニュースは絶えることがない。常態化する異常現象は、いずれ「異常」と呼ばれなくなるだろう。

温暖化問題の「捉えにくさ」

このような状況を前にして私たちの脳裏に浮かぶのは、「温暖化」という言葉であろう。この夏、頻発する豪雨も、「化石燃料を人類が好き放題に燃やしてきた結果」なのだろうか。今回は、いわゆる地球温暖化問題について少し考えてみたい。

この仮説が一般に知られるようになったのは、二〇世紀の後半であるが、その可能性に関する指摘は意外に古い。一九世紀の前半、フランスのフーリエという科学者は、太陽からもたらされる熱量に比べて、地球の気温が高すぎることに気づいた。彼は、その原因を大気の「温室効果」によるものだろうと考えた。またスウェーデンのアレニウスは、二酸化炭素の増加によって気温が上がることを、一九世紀の末に指摘した。二酸化炭素の濃度が二倍になれば、気温が五〜六度上昇するだろうという予測もすでに示している。

だがそれらの科学的な知見を結びつけ、具体的な問題として捉え直し議論の俎上に載せたのは、一九六〇年代の環境NGOであり、また米国大統領の科学諮問委員会であった。さらに、それが地球全体にとって重要な共通課題として広く共有されたのは、一九八〇年代後半から一九九〇年代にかけてのことである。

理論的可能性が提示されてから、世界が行動に移していくまでに長い時間がかかったように見えるが、現実の被害が顕在化する前に対策が始まったという点では、迅速な対応ともいえる。このような温暖化問題の「捉えにくさ」は、従来の科学の枠組みに収まりきらない、この問題の特殊な性格と深く関わっている。

まず、この仮説を検証するための実験が困難であったことが挙げられる。もし、地球を二つ用意して、一方では二酸化炭素の放出を続け、もう一方では放出を止め、長い時間をおいて両者の違いを観察することができれば、仮説は「簡単に」検証できるだろう。だが、そんなことは当然不可能だ。化学物質の反応や、物体の運動といった他のケースと、この点で大きく異なるのだ。

この分野の研究は直接の実験ができないので、各種の仮定をおいて理論的な計算を行う「シミュレーション」に依存する部分が拡大する。だがその分、どうしても不確実性が大きくなる。精度を高めるには、できるだけ多くのデータを集める必要があるが、地球全体の問題であるために、対象が時間的・空間的に非常に広範囲に及んでしまう。

たとえば、気温や降水量といった、基本的な気象データはどのくらい昔のものがあるのだろうか。日本について言えば、一八世紀の後半にオランダから温度計などが輸入され、断片的には測定値も残っている。しかし本格的な観測は気象台が設置された明治以降であり、正確なデータは、過去百数十年分に限られる。気候変動の時間スケールは、これに比べてはるかに大きい。そこで研究者たちは、日記などの歴史的文献の検討も含め、さまざまな方法で過去の気候を推測しようと努力している。

もう一つ、二酸化炭素の放出の後、実際に気候が変化するまでに、かなり時間がかかるというのも大きな問題だ。因果関係の理解は、科学の要である。たとえば、磁石の性質を私たちが容易に把握できるのは、磁石を鉄などに近づけてから吸い付けられるまでの時間が、非常に短いからである。仮にそれが一年かかるとしたら、きっと磁石という現象は、因果関係として捉えられないだろう。原因と結果が時間的に離れている現象は、科学的理解のスコープからはずれてしまいやすいのだ。

科学的不確実性と政治判断

以上のように地球温暖化問題は、科学的に実態を把握すること自体に根本的な難しさを伴う。これは、政策決定者に対して、政治的な判断の余地を大きくする作用を持つ。なぜなら科学的不確実性が高い分、事実によって政策判断が自動的に決まる領域が狭まるからだ。これが、地球温暖化問題が政治問題化しやすい、一つの大きな要因なのである。

それでも、世界中の専門家が努力を続けた結果、最新の報告書では、人為的な二酸化炭素の放出によって温暖化が起きている可能性が極めて高いと、結論づけられるところまで来た。これは重要な成果であろう。

最初の問いに戻るならば、私たちが体感するようになった最近の異常気象は、地球温暖化と関係していると理解すべき証拠も確実に増えているのだ。

この他、外交プロセスとしての地球温暖化問題など、議論すべきことは多々あるが、別の機会に譲ろう。一点だけ追記しておきたいのは、今、パリ協定から離れようとしている米国こそが、最初にこの問題の深刻さを理解し、本格的な科学的検討を開始したこと、そして今も多くの中心的なメンバーが米国で活躍している、という事実である。私たちはアメリカという国の重層性と奥深さを、忘れるべきではない。

（二〇一七年八月一八日）

地質学と「チバニアン」

先月中旬、「チバニアン」という言葉がメディアを賑(にぎ)わせた。千葉県市原市にある地層「千葉セクション」が、「地質時代の国際標準模式地」となる可能性が、高まったためだ[1]。と言っても、このニュースは専門的に過ぎて、多くの人にとってはピンと来なかったのではないか。「アニメのキャラクターかと思った」という声も聞いた。しかし科学史的に興味深い事例であり、また個人的にも「千葉の大ニュース」なので、今月はこれを取り上げてみたい。

地球の誕生から約四六億年。その間に、陸も海も空も激しく変動し、まさに驚天動地のプロセスを経て、現在に至っている。そのような地球の過去を知るための重要な手がかりを与えてくれるのが、地質学だ。この学問は、おおむね一八世紀の終わりごろに、輪郭を現してくる。

たとえば、化石を使って地層の年代を調べる方法を皆さんもご存じだろう。このことの重要性に気づいたのが、産業革命に沸くイングランドの土木技師、ウィリアム・スミスである。当時、石炭を船で運ぶために運河の掘削が多数行われていた。その際に、特定の化石が同じ地層に沿って見つかることに彼は気づく。土地の性質を理解することは、運河を作る上で重要だからだ。彼はその後、独学で研究を続け、「英国地質学の父」と言われるまでになった。

この手法は「化石層序学」として発展し、また岩石に関する科学的な知見も踏まえながら、地球史のモノサシである「地質時代区分」が作られていった。これは一〇〇を超える細かな年代に分けられているが、基本的にはその年代を典型的に示す地層が存在する地名にちなんで命名される。

たとえば、有名な恐竜映画『ジュラシック・パーク』は、直訳すれば「ジュラ紀園」という意味だが、この名前は石灰岩の地層が広がるフランス・スイス国境付近の「ジュラ山脈」に由来する。

地質時代区分は研究の進展により随時更新されてきたが、最近、新生代の「更新世」(約二五八万年前〜一万年前)のうち、約七七万年前から一二万六〇〇〇年前の期間に対して、新たに名称をつけることになった。国際学会での議論で、その世界標準として千葉の地層が選ばれる可能性が高まり、時代名の候補「チバニアン」に注目が集まったというわけである。

地磁気の逆転と影響

では、なぜ「七七万年前」で地質時代を区分するのだろうか。それは、この時期に直近で最後の「地磁気の逆転」が起きたからである。

地球が大きな磁石であることは、一六世紀英国の学者、ウィリアム・ギルバートによってすでに指摘されていたが、原因については長い間、不明であった。だが二〇世紀後半になると地球内部の構造が明らかになり、高温で溶融した金属からなる「外核」に電流が流れることで、地球が電磁石になるという説が提示された。

この地球内部の物質や電流は、複雑な挙動を示すらしい。それが大きく変化した時に、地球の磁石のS極とN極が逆になると考えられる。実は世界で最初にこの逆転の証拠を発見したのは、戦前の日本人研究者だ。京都帝国大学の松山基範は、兵庫県の玄武岩の調査からその事実を報告した。あたかもテープレコーダーのように、過去の磁気の向きを、古い岩石が記録していたのである。

このほか、地磁気の研究は、当初は学会で認められなかった「大陸移動説」が復活する契機にもなるなど、科学史的に興味深い話題がたくさんあるのだが、別の機会に譲る。ただし、この地磁気逆転の「危うさ」については、若干、触れておこう。

今年五月の本コラム(Ⅳ部「現代の『杞憂』」)でも述べたが、地球には常に電気を帯びた粒子や放射線などが宇宙から降り注いでいる。これを防いでいるのが大気や地磁気だ。ところが逆転の際には、磁場が不安定になる時期が生じるのだ。そうなれば地表付近に届く宇宙線なども増え、気象や生態系にさまざまな影響を与える可能性もある。

詳細な調査によれば、平均で数十万年に一度程度、逆転が起きている。だがバラツキが大きく、逆転が頻発する時期もあれば、太古には数千万年逆転しなかったこともある。

とはいえ、すでに前回から七七万年が経過しており、いずれ人類がその事件を目撃する可能性も否定はできない。近年、地磁気が減少傾向にあるのもやや気になるところだ。恐竜の絶滅など、生物の大量死と地磁気逆転を結びつける研究者もいるが、明確な証拠は見つかっていない。ただ、もし今起きれば、世界中の電子機器に大きな影響が出るのは確かだろう。いずれにせよ、人類には未知の領域がたくさんあるということは、改めて確認しておきたい。

地学を学ぶ必要性

以上、「チバニアン」登場の背景を見てきたが、最後に教育の観点から一つ。このような議論の基礎となる知識を授けてくれる「地学」という科目は、高校ではほとんど教えられていないのが現状だ。受験科目に選択しにくいのが主な理由だろうが、世界有数の地殻変動帯にある日本列島に暮らす私たちは、地震や火山も含め、地学分野の知識を幅広く備えておくことが必要ではないか。

実は近年、各地に「ジオパーク」が整備されてきている。これは、地球科学的に重要な価値のある場所を中心として、地球・生態系・人間の関わりを学べるよう整備された公園である。すでに全国に四〇カ所以上があり、うち八カ所[2]はユネスコの「世界ジオパーク」にも指定されている。

「チバニアン」を契機として、変化に富んだ日本列島の大地から、自然を学ぶ機会を増やしたいものだ。

(二〇一七年一二月一五日)

世界の水問題とバーチャル・ウォーター

とてつもない水害が、日本を襲った。平成に入って以降、最悪の被害状況である[1]。ともかく今は、あらゆる制度をフル活用し、被災された方の心と体が少しでも安らぐことを第一に、できる限りの対応を講じるべきだろう。

私自身は、たまたま海外出張中であった。ネットで日本のニュースを確認するたびに被害者の数が増えていく。ひと昔前に比べると、外国で日本に関する情報を得るのは格段に容易になった。とはいえ、スマートフォンの字面を時々追うだけでは実態を捉えにくい。――被害の範囲は西日本に偏っているようだが、つい先日は北海道でも豪雨の被害があったはず。日本の至るところで洪水が起こりつつあるのだろうか――。

大量の水が世界から消失

そんな不安を抱えながら、私はカンファレンスの会場に向かった。この会議は、主として欧州の研究者や実務家が集まり、科学と社会の関係をさまざまな角度から幅広く議論する、二年に一度の催しである。会場は各国の人々が大勢集まって熱気を帯びており、多数のセッションが同時に開かれていた。その時ふと、プログラムを表示する液晶モニターに「世界の水はどこにあるのか?」という文言を見つけた。私は日本の水害が気になっていたこともあり、不案内な分野だが、このセッションに出てみることにした。

それは世界の水問題について、気象学者や行政官、環境工学の専門家など、数人の識者が登場し、相互に議論するというものだった。内容は多岐にわたっていたので、ここで詳細を述べることはできないが、世界における水に関する課題は、基本的に、その「不足」にあるということを、私は改めて思い知らされた。

一人のプレゼンターは、一九八四年から二〇一五年の間に、実に九万平方キロメートルの地表の水域が、世界から消失したと訴えていた。日本でも以前、干上がってしまった湖を題材にしたテレビCMが放映されていたことがある。最も有名なケースは「アラル海」だろう。この湖は、中央アジアのカザフスタンとウズベキスタンをまたぎ、かつては琵琶湖の約一〇〇倍、世界で四番目の湖水面積を誇っていた。しかし、旧ソ連時代の「自然改造」の号令のもと、アラル海に流れ込む川の水を綿花の栽培に使ったため、今では一〇分の一程度の面積にまで縮小してしまっている。実際、アラル海の自然破壊の実態は衝撃的だ。朽ち果てた船が、砂漠化した元・湖底に埋まっている姿を見れば、誰もが息をのむだろう。同様の湖水の消失は世界中で起きており、その原因としては、アラル海のような人為的な開発に起因することが多いが、地球温暖化の影響も指摘され始めている。

このような話を聞くと私たちは、深刻な気持ちになると同時に、どこかひとごとと考えてしまう面がある。しかし、水の問題はさまざまな問題とつながっており、無縁な人など地球上にはいないと考えるべきだ。

たとえば、Tシャツを一枚作るためには、どれだけの水が必要だろうか。ある試算では、二九〇〇リットルもの水が、原料の綿を育てるために消費されるという。従って、私たちが安価な綿で作られたTシャツを途上国から一枚輸入することは、見方を変えれば、その国の淡水を約三トン輸入することと等価なのだ。当然これは、食物にもあてはまる。小麦を一キログラム生産するには二〇〇〇リットル、米ならばその約二倍の水が必要だ。さらに牛肉の場合は穀物を餌としてウシに与えるため、小麦の時の約一〇倍の水を消費する。

海外の水源に依存する日本

このように、「その輸入品を、仮に自国で生産するならば、必要になると推定される水」のことを、バーチャル・ウォーターと呼ぶ。ロンドン大学のアラン名誉教授が導入した概念である。

周知の通り、日本は食料の海外依存度が高いので、バーチャル・ウォーターの輸入量も多い。つまり私たちは、遠い海の向こうの国々の貴重な水を大量に買い入れることで、その地域の自然的また社会的な環境に影響を与えているのだ。さらにこのことは、私たちの生活が、海外の水源の量や質に大いに依存していることをも、示している。

この水問題のセッションでは、もう一人の話者が、「二〇世紀の戦争が石油を巡る戦いだったとすれば、今世紀は水を巡る戦いになるだろう」という警告を紹介していた。地球上の水の量は一定だが、淡水は二・五％しかない。実際に使えるのはさらに少なく、地表に近い水だけであり、全体の一万分の一程度だ。限られた淡水資源を、増加する人口が奪い合い、経済成長に伴って自然環境の開発が進み、その上に気候変動が重なったらどうなるのか。

日本を含む世界各地における洪水頻発と、アラル海をはじめとする湖水の消失は、直接の関係はない。しかしマクロに見ればいずれも、この水の惑星において、水循環の大きな歯車が狂い始めていることの表れ、と捉えることは可能ではないか。

そう考えると恐ろしくもなる。しかし希望もある。アラル海の水が、関係者の努力により、一部ではあるが回復しつつあるというのだ。これには世界銀行の融資による堤防の建設などが奏功しているという。

私たちは、大きな困難に直面するとしばしば、現実から逃避したくなる。だが問題の原因にしっかりと向き合い、知恵を絞れば、未来は変わり始める。絶望するのは、後回しでよい。

（二〇一八年七月二〇日）

災害が多発した二〇一八年

本当に自然災害が多い夏だった。

六月半ば、大阪北部地震が起き、倒れたブロック塀で小学生が亡くなるなど大きな被害が出た。さらに七月上旬には、西日本豪雨が発生。二〇〇人を超す犠牲者を伴う大災害として歴史に刻まれた。その後も西日本の受難が続いた。関西地方などを襲った台風二一号の被害はすさまじく、一〇人を超す死者を出し、関西空港は高潮で水没。連絡橋にタンカーが衝突し、一時は約八〇〇〇人が閉じ込められた。

そしてその二日後。今度は北海道で最大震度七の地震が発生し、山崩れで集落の半分以上の命が奪われるという悲劇が起きた。同時に、日本では絶対ないとされてきた広域停電「ブラックアウト」が起こり、電力供給体制は回復したものの、施設はまだ完全復旧には至っていない。

加えて、列島の猛暑は尋常ではなく、まさに「自然災害」と呼ぶべきレベルであったのではないか。

こうして見ると私たちはこの夏、複数の災害の同時発生や連鎖の恐ろしさを再認識させられたと言えるだろう。金融機関の連鎖倒産などで、経済システム全体が機能不全となる危険性を、経済用語では「システミック・リスク」と呼ぶ。災害を契機として、類似した現象が起こる可能性も考え始めるべきだろう。

たとえば大規模停電は、電力網の内部でのトラブルの連鎖によって起こった現象だが、電力の喪失はさらに交通や水道など他のインフラをまひさせ、社会を混乱させる。その様子は内外に配信され、観光客が減るなど新たな問題を引き起こす。北海道胆振(いぶり)地方の地下三七キロで起こった岩盤の破断現象は、巡りめぐって社会システム全体に複雑な悪影響を及ぼしていったのである。

災害のリスクマネジメントはなぜ難しいか

だが、このようなシステムの相互作用によって拡大するリスクを制御するのは難しい。実はその原因は、科学の方法論とも関係している。

そもそも科学は、物事を単純な要素に分解することで、現象を明らかにする試みである。たとえば、天然の原油を科学的に分析するには、そこに含まれる多種の成分を分離した上で、個別の物質の化学的性質をさらに明らかにしていく。このように、部分を分離・純化し、その要素を分析した後に、結果を総合することで対象の性質を理解しようというのが、科学の基本的なやり方だ。

しかし個々の実験によって得られるのは、ある特定の条件での知識である。それらの断片的な情報を集めることで、現実の世界を理解し、予測することはできるのだろうか。

そこで用いられるのが「全体は部分の総和である」という仮定だ。先ほどの原油の分析などでは、基本的に構成成分をそれぞれ独立のものと見なすことができるため、この考え方で特に支障はない。だが科学の研究対象が拡大するにつれ、単純な「部分の和」としては対象全体を理解できない現象が目立ってくる。典型例は生命や経済といった複雑な現象だ。その結果二〇世紀の初めごろから、このような「それぞれが相互作用をする要素から成り、全体が部分に還元できないようなまとまり」を「システム」と呼び、学際的に検討することが始まった。

情報技術の発展などにより、システム論は大いに進展したが、今回のような複合する災害のリスクを適切にマネジメントすることは、依然として難しい課題である。その理由は何よりも、複雑なシステムの挙動は一般に予測が困難だという点が大きい。たとえば「ある重さの球を、ある速度で投げたらどこに落ちるか」といった問題とは、予測精度がまるで違う。

災害が起こると私たちは、予想外の事態に遭遇し右往左往することも多い。これは当然、明らかな過失が原因の場合もあるが、この社会が高度に相互依存し、複雑なシステムである以上、原理的に避けがたいという側面も無視できないだろう。

高まる社会システムの脆弱性

とはいえ、事態を「ましにする」ことは可能だ。それには色々な方法があるが、まずはシステムを

「単純化」すること。もう一つは、「冗長性」を持たせること、つまりバックアップを準備することだ。

より小さい単位に切り分けて相互作用を減らすことや、いざという時の代替手段を用意しておくことは、リスクを下げるための最も手っ取り早い方法だ。有名な「津波てんでんこ」も、行動の単位を小さくすることで、緊急時の対応力を高める知恵と考えることができるだろう。

だが、この世界は近年、その逆の道を歩んでいるようにも見える。

実のところグローバル化とは、人類の相互依存を深めることだ。また情報化とは、まさに世界をつなぎ合わせて全体をシステム化しようという企てである。それらは世界を安定化させる方向に作用する場合もあろうが、長期的には地球全体のシステミック・リスクを高めることになるのではないか。

身近な例を挙げれば、最近は以前にも増して鉄道の相互乗り入れが拡大し、便利になっている。だが、それによって遠方で起きた事故の影響が広範囲に波及し、ダイヤが大きく乱れることも増えたように思う。

効率性や利便性と引き換えに私たちは、社会システムの脆弱性を高めてしまっているのかもしれない。

いずれ必ず来ると言われる首都直下型地震、あるいは南海トラフ地震は、どれほど複雑なシステム的混乱を招くのだろうか。この社会を成り立たせている、根本の仕組みを再点検すべき時期が来ている。

（二〇一八年九月二一日）

遅れた台風一五号の被害の把握

関東を台風が直撃した。今週に入って、ようやく被害の全体像が見え始めたといえるかもしれない。事態は現在進行形で、問うべきことは多いが、今回はこの災害の認識のされ方を手がかりに、考えてみたい。

(二〇一九年九月)九日の台風上陸後、最初に報道で強調されたのは、鉄道の混乱や計画運休の問題点、成田空港が「陸の孤島」と化したために起きた大混乱、そして千葉県市原市のゴルフ練習場の鉄柱が倒れ、周辺の住宅に大きな被害が出たこと、などである。

いずれも重要なニュースだが、当初は、千葉県を中心とする広範な被災状況については、把握できていなかったと考えられる。停電についても報じられてはいたが、東電の「復旧は一一日以降になる」というコメントが流され、少し長引くがいずれ解消されると理解されていたようだ。一〇日になると内閣改造のニュースがメディアの中心的なアジェンダ(議題)になり、とりわけテレビでは、台風の話題は一旦(いったん)、後景に押しやられる格好になったといえる。

そもそも行政の対応はどうだったのか。本来、メディアとは独立に、災害の状況を把握し、対策をとることが求められる。だが今回、国が関係省庁災害対策会議を開いたのも、千葉県が災害対策本部を設置したのも、翌日の一〇日になってからだ。また、内閣改造を遅らせるべきだったのでは、との批判の声もあがっている。実際、一九九九年九月三〇日、茨城県東海村でＪＣＯ臨界事故が発生したため、当時の小渕内閣が一〇月一日に予定していた内閣改造を四日遅らせたという例もある。

いずれにせよ、政府も地方自治体も、対応が後手に回ったのは確かだろう。今後の検証が求められる。

「危ない香り」

さて、私自身、普段通り報道だけを頼りにしていたならば、事態の認識は、同じように遅れただろう。ただ今回一つ違ったのは、私の職場が千葉市にあったということだ。少し台風の進路からずれていたためか、大学には幸いにして深刻な被害はなかった。それでも、大木が裂けて倒れ、看板などが壊れるなど、かなり酷い状況になっていた。

印象的だったのは「におい」である。それは深い森に入った時に嗅ぐような、草いきれと土のにおいが混じり合った、あの臭気だった。樹(き)が折れ、土がめくれ上がると、通常は存在しない物質が空気中に放出されるのだろう。そのにおいに私は、なにやら不安感を覚えたのである。

それはいわば、本能からのアラームだったのかもしれない。というのも、五感のなかで唯一、嗅覚(きゅうかく)

は、脳の中で進化的により古くから存在する「大脳辺縁系」と直接、つながっているからだ。この領域は、個体の生命維持や種族の保存など、生物としての基本的な機能を担っている。たとえば土砂崩れの寸前にも、似たにおいがするのではないか。とにかく、あれは「危ない香り」だった。

こうして私は今回、期せずして、メディアを通じての認識と、直接の五感を通じての認識の、大きなギャップを実感する経験をした。そういうことは分かっているつもりだったが、その差は予想以上だった。

「仮想現実」だけに頼る脆弱さ

ここから、もう少し掘り下げて考えてみたい。

まず、私たちのほとんどは、現場を見ることなく、メディアを通じて、ものごとを認識する。つまり、メディアが作り出したイメージを、現実として捉えているのだ。

当たり前のことに聞こえるかもしれないが、かつてはそうではなかった。人々の暮らしにおいては、直接五感を通じて認識することの方が、ずっと多かったのだ。実は社会学者の藤竹暁が、半世紀以上前にすでに、この状況を「擬似環境の環境化」と名付けている。この概念は、当時のマスメディアの分析から得られたものだが、現代のテクノロジーは周知の通り、さらに精緻な「仮想現実化」を推進している。

しかしまさに、そのような擬似環境は、幻なのだ。その証拠に、電源が落ちれば消滅する。台風は、私たちにその脆弱さを教えているようにもみえるのだ。徐々に分かってきたことだが、一部の自治体はあらゆる通信手段が停電で失われ、被害の実態を把握できなくなっていた。混乱する現場への対応に、忙殺され、直接出向いて確認することも困難だったらしい。

ならば、より堅牢な電力・通信インフラを構築すればよいという意見もあるだろう。もちろん重要なことである。しかし一方でそれは、理性の延長としてのテクノロジーにさらに頼り、五感や身体性を重視しない道のりでもある。そのような「やり方」はどこまで通用するのだろう。

地球温暖化の結果、台風はより激甚なものになっていくという予測がある。恐ろしい未来だが、そもそも八年前に私たちの社会は、従来型の技術的解決の限界を、別の形で見せつけられたのではなかったか。

簡単に答えが出ない問題であるのはもちろん承知している。しかしそれでも、私たちはこの文明とは異なるスタイルを構想する余裕を、精神的にも、制度的にも、確保しておくべきではないだろうか。たとえば、通信が落ち、商用電源が喪失しても、身一つで「どうにかやれる」別の仕組みを、この社会に組み込んでおくのだ。それは地域共同体の再評価かもしれないし、電源の分散化かもしれない。そして、その考え方が常識となるよう、実際の暮らしに馴染ませていく。

あの「危ない香り」を思い出しながら、そんなことを感じた。

（二〇一九年九月二〇日）

日本列島と自然災害

台風一九号による被害が、日を追うにつれて明らかになってきた。（二〇一九年一〇月）一六日の時点で七〇人を超す犠牲者[1]、一万件を超す床上浸水、鉄道・道路の寸断、そして夥しい数の河川の決壊が報告されている。言葉もない。

近年の日本は台風以外でも、繰り返し凄まじい豪雨に襲われている。まさに毎年、「数十年に一度の」被害が起きている。この状況を私たちはどう受けとめたらよいのか。

まず、この列島の基本的な条件を確認したい。周知の通り、日本は昔から自然災害が多い。今回の台風や水害に加え、地震や噴火も頻繁に起きる。世界の活火山の約一割が、この狭い島国に集中しているほどだ。原因は、この列島が、四枚のプレートがせめぎ合う、特殊な場所にあるからである。

そのプレートの動きで盛り上がった急峻な山脈に、湿った空気が当たって上昇気流を作り、たっぷりと雨を降らせる。同じ理由から川は短く急勾配で、流れが速い。また山がちな地形で平野は限られ、そこに人口が集中しやすいが、そんな場所の多くはそもそも氾濫原である。

かつて丸山眞男は、日本では「作為」の論理が定着せず、「自然」の論理に回収されることが多いと述べた。本当は対策ができたはずの災害、あるいは不適切な対応をした結果起きた災害も、「お天道さま」につい帰責してしまう傾向が、私たちの心には残っているのではないか。「自然が相手では、仕方が無い」とのみ込んでしまうのだ。それは、激甚すぎる自然条件を生き抜く上での、ある種の精神的な適応の結果なのかもしれない。

「人災」と自然災害

しかし、改めて強調しておきたいのは、災害とは、自然と社会の相互作用で生じるものだという点だ。たとえば、地震は確かに恐ろしいが、極論を言えば、強い地盤を選び、テントを張って暮らしていれば、被害はほとんど生じないだろう。私たちがどのような暮らしぶりを選ぶかによって、被害の程度は大きく変わる。つまり広い意味で、あらゆる自然災害は「人災」なのである。逆に言えば、私たちには対策を立て、未来を変える自由があるということだ。

とりわけ治水に関しては、この列島の先輩たちは、長年、膨大な努力を重ねてきた。たとえば、利根川は、まさに自然と人間の相互作用の結果、現在の姿になったといえる。広く知られているように、元々この川は、現在の東京湾に注いでいた。今、銚子まで流れている利根川下流は、「常陸川」と呼ばれていた。かつての利根川は流路が安定せず、群馬や埼玉の平野でコースを変えながら、また秩父から来る荒川と何度も合流しつつ、まさに勝手気ままに流れる「坂東太郎」であったのだ。

一五九〇年(天正一八年)、関八州に徳川家康が移封されて以降、氾濫を制御して水害を防止すると同時に、関東の水運の基盤として河川を整理する、巨大プロジェクトが始まる。徳川家の命により、これを受け持ったのは、測量や治水技術に秀でた伊奈一族であった。こうして、堤防の構築や新たな川の掘削などが営々と続けられた結果、利根川の流路は東に移って流れも安定し、現在の形となった。重機もトラックもない時代に、人手によって大河の道筋を変えた先人の苦労を思うと、頭が下がる。

このように江戸期には、とりわけ川については、人間が手を加えることでリスクを低減し、また水田のための水源を確保し、さらには河川を交通路として活用できるよう、さまざまな努力が続けられてきた。

それでも、時には桁違いに雨が降る。この防ぎきれない水量については、堤防の高さを調整することによって、氾濫を人為的に誘導し、より人口の多い地域などを被害から守るという対策が取られていた。また、水害を前提とした都市の構造も発展した。有名な「輪中」や「水屋」などの仕組みは、その例である。

近年、土木技術の近代化が進むなか、高くて丈夫な「完璧な堤防」を造ることで、一切の被害を防ぐべきだという考え方が共有されているようにも思う。多くの人命が失われる水害が繰り返されると、その重要性を痛感させられる。

合理的に考え直そう

しかし同時に、日本では人口減少が今後も避けがたく進み、過疎化や高齢化も重なってくること、また最近では気候変動によって、従来は考えられなかったような水害が、毎年のように襲うようになる可能性も否定できない。そのような時代に、私たちの生命や財産を守るために、限られたリソースをどう使うのが適切か、もう一度、合理的に考え直すことも必要だろう。

たとえば、ダムが洪水防止の決め手になると理解されている面があるが、その効果は限定的だ。むしろピーク水量を増やして逆効果になる場合もある。実際、昨年(二〇一八年)の西日本豪雨では、愛媛県の鹿野川ダムで緊急放流を実施したが、その後、下流の大洲市で約三〇〇〇戸が浸水し、災害関連死一人を含む五人の方が命を落としている。

加えて、堤防を強化するにも色々な方法が開発されている。その一つ「連続地中壁工法」は、地中にセメントで壁を造る方法だ。これにより水の透過が減少し、仮に越水しても破堤しにくくなる。ダムの建設などに比べれば、コストも格段に安い。

悲惨な災害が起こるたびに、私たちは無力感に苛(さいな)まれる。しかし、この列島に住む人々の多くは、そのような悲劇から立ち上がり、生き抜いてきた人たちの子孫である。希望を失うことなく、クリアな頭で対策を考え、実行していきたい。

(二〇一九年一〇月一八日)

III

新技術とネットワーク社会

グーグルが公開した自動運転車(2017年1月9日、北米国際自動車ショー)

ドローンの功罪

「ドローン(drone)」は、英語で「雄蜂」、あるいはその「ブーン」という羽音を意味している。そのため音楽の世界では、持続的に鳴らされる音を「ドローン」と呼ぶことがある。少し前までは音楽好きの人たちだけが使っていたこの言葉が、にわかに全く別の意味で用いられるようになる姿を、私たちは今、目撃している。

(二〇一五年)四月の首相官邸への落下で注目を集めた「ドローン＝小型の無人飛行機」に関しては、つい先日も善光寺の御開帳の列に墜落するという事件が発生したこともあり、与党は急遽、議員立法で法規制する方向で動き出した。確かに、結構な重さの飛行物体が、鉄道や校庭、また繁華街などに墜落すれば、それだけで大きな被害が出る可能性がある。また今回の首相官邸のケースが明らかにしたように、セキュリティー上の脅威にもなりうる。

一方で世界的には、ドローン技術の急速な発展に伴い、荷物の運搬や農薬散布、施設の監視、さらには危険な場所での救助活動・情報収集など、さまざまな応用が始まったところである。昨年(二〇一四年)の御嶽山の噴火では、危険な火口付近に近づいて写真撮影することにも使われた。新しく花開きつつあるこの技術の展開を、この段階で阻害するのは避けなければならない、という声も大きい。

このように、規制への賛成・反対は、いずれも説得力があるだけに、その判断はなかなか難しい。だが私たちの社会は、この新しい技術に対してなんらかの決定をせざるを得ないのは確かだ。それでは、どのような理路で考えれば、将来の私たちの後悔の可能性を最小化できるだろうか。

ここではまず、私たちが極めて近視眼的で気忙しい時代を生きている、ということを自覚することから始めたい。そんな時だからこそ、将来への影響が大きい、重要な判断をする時くらいは、努めて視野を広げ、とりわけ歴史的視座を確保することが、必要と思われるのだ。

軍事技術から生まれたドローン

そもそもドローンは、軍事技術と不可分の形で発展してきたと言ってよい。無人の飛行機を戦闘に使うというアイデア自体は、第一次世界大戦のころから存在したが、実戦で使用可能な初期のドローンとしては、一九五〇年代に米国海軍が配備した、対潜水艦用の無人ヘリコプター「DASH（Drone Anti-Submarine Helicopter）」を挙げることができるだろう。冷戦まっただ中の当時は、「核魚雷」を搭載して遠隔操作し、「東側」の潜水艦を攻撃する計画もあったという。

研究はその後も続けられ、固定翼（飛行機）の無人機も開発され、偵察や攻撃に使われるようになっていく。実際、今世紀に入ってすぐに始まったアフガニスタン戦争やイラク戦争などにおいては、米軍はテロリスト組織への攻撃に無人機を積極的に用いた。それは「超現実的な戦争」と言えるかもしれない。なぜなら、ドローンを操縦する兵士は、全く平和な本国の街で生活しながら、普通に出勤し、しかし遠隔制御で地球の反対側の「敵」を攻撃するという任務を遂行していたからである。自国の兵士の安全は完璧に保たれるという点では、ドローン兵器は「人道的」な技術かもしれない。だが、無言の殺人飛行機に攻撃される側からすれば、それはまさに悪夢だろう。実際、誤爆によって多くの無辜の人々が犠牲になったという批判も聞く。また日常生活の中で「戦争」を業務とすることの心理的なギャップにより、精神を病む兵士も少なくないという指摘もある。

ともかく、このような軍事技術からスピンオフする形で、民生用のドローンの性能も向上していった面は否定できないだろう。だが、急いで付け加えなくてはならないのは、現代の豊かな生活を支える技術の多くは、軍事的なイノベーションにルーツがあるという事実である。古くは、軍事用レーダーから電子レンジが考案され、弾道計算のためにコンピューターが開発された。ドローンにも搭載されているＧＰＳや、いつの間にか必需のインフラとなったインターネットも、軍事研究から生まれたものだ。ドローンの出自が軍事だとしても、それは別に特別なことではない。現実を子細に見れば、一部の生命科学なども含め、非常に多くの技術が、民生にも軍事にも使える「デュアルユース」の性格を併せ持つようになっていることが分かる。この厄介な事実を、改めて確認しておきたい。

問題の本質

このように考えていくと、問題の本質は、誰がいかにして新しいテクノロジーをマネジメントすべきなのか、という難問に集約されるだろう。少なくとも、新しい技術が現れた時、それがどのような経緯で誕生し、功罪含め、いかなる社会的影響を及ぼしうるかについて、調査し評価することが求められるはずだ。当然、それは中立的であることが望ましい。また専門的な観点と、市民社会的な眼差(まなざ)しの両方から、丁寧に検討される必要がある。

だが、そんな役割を果たすことができる者はどこにいるのだろう。科学技術に関する理系的な知識と、法や倫理に関する文系的な素養の両方を、バランスよく備えている人物。そして何よりも、検討すべき対象と直接の利害関係がなく、公益を基準にフェアな判断ができる人物。

結局、そういう人材や職業を育てることを、この社会が怠ってきたことが、種々の問題の本当の原因ではないか。ドローンのニュースを聞きながら、そんなことを感じた。

(二〇一五年五月一五日)

「シェール革命」と中東の緊張

年明け早々、中東のさらなる緊張が報じられた。サウジアラビアとイランの確執である。その背景には種々の要因があるが、イスラム世界での宗派対立が強調されることが多いようだ。当然それも重要だが、今日の中東情勢の不安定化は、「シェール革命」と呼ばれるエネルギー技術のイノベーションの影響も大きい。

周知の通り、現在の原油価格はかなり安い。二〇一四年前半には一バレル＝一〇〇ドル（WTI原油価格）の水準にあったが、世界経済の減速懸念などにより徐々に値を下げた。そこにさらなる価格下落を招いたのは、二〇一四年一一月に開かれた石油輸出国機構（OPEC）の総会において、サウジが長年務めてきた「生産調整役」を放棄したためである。

言うまでもなく、OPECは石油の価格維持のためのカルテルだ。一九七〇年代にはOPEC加盟国が原油公示価格を引き上げたことを契機として、石油危機が起きた。だがその後、北海やロシアなどOPEC非加盟国の油田の生産力が増したため、OPECの価格決定力は弱まっていった。それでも価格が下がる局面では、生産量の大きいサウジが減産することで価格を維持、一定の影響力を誇示してきた。

今、サウジが生産量を減らさない最大の理由は、米国のシェールオイルに対抗するためと言われる。シェールとは「頁岩（けつがん）」と訳されるが、本のページのように薄い層が重なった構造であるためそう呼ばれる。そこに天然ガスや原油が染みこんだ地層が世界各地に存在することは知られていたが、従来はガスやオイルを効率よく取り出す技術がなかった。

しかし近年、シェールからの採掘に関する技術革新が進んだ。詳細は省くが、水平坑井（こうせい）掘削技術、水圧破砕法、微小地震観測技術などだ。いずれも基本的な考え方は以前から知られていたが、改良が重ねられた結果、総合的な技術力が高まり、採算が合うレベルになったのだ。

重い足枷（あしかせ）から自由になったアメリカ

とはいえ、中東の優良な油田のように「掘れば勝手に噴き出す」というわけではないので、生産コストは安くはない。そこでサウジは原油価格を下げることでシェール産業の競争力を失わせようと、減産しない作戦を採ったのである。

しかし米国も増産を続け、遂に原油生産量で世界一になったと報じられた。先月（二〇一五年一二月）には米国議会が四〇年ぶりに原油の輸出を認めたが、これは根本的な国家政策の変更を意味する。石油資源の安定供給という課題は、米国の中東戦略において、長年、重い意味を持ってきた。実際、大局的に見れば、この地域の不安定は結局、オイルが招いた悲劇だったと言えるだろう。しかし今や米国は、その重い足枷から自由になった――ように見える。今回のサウジ・イランの緊張も含め、中東のみならず世界中で今起きている政治的・経済的変動の多くは、このシェール革命を無視しては理解できないはずだ。

エネルギー政策の難しさ

だが歴史的な観点に立つならば、私たちがいつも石油に「裏切られてきた」ことも、また事実である。たとえば、四〇年以上前の石油危機の時代に「石油はあと三〇年で枯渇する」などと言われていた。またつい最近も「ピークオイル」という言葉が流行し、石油資源の限界が懸念された。しかし現状は石油が余り、どこまで価格が下がるのか予測もできない。

なぜこんなことが起こるのか。一つには、石油の採掘可能な埋蔵量は石油価格が上がると増えるからだ。採掘しにくい資源も、コストをかけてよいなら元が取れる。石油が足りないと皆が思えば価格は上がり、自動的に埋蔵量も増えるのだ。手品のような話である。

また、今は熱い期待を集めるシェール産業も、将来への不安が無いわけではない。まず、現在の見込みよりも早く枯渇する可能性を指摘する専門家がいる。また採掘には大量の水を使うことから、環境汚染も以前から問題視されている。さらに地中に高圧の水を送り込むため、地震を誘発する危険性もある。

エネルギーは、文明を駆動する最も重要な要素の一つだ。「古代」という時代が終わったのも地中海世界の森林資源が枯渇したことが背景にあったとも言われる。他方、近代は、要するに化石燃料で発展してきた時代だ。だから二〇世紀以降、石油は全ての要だと信じられてきた。

そのような「非常に重要なこと」を見る私たちの目は、どうやら曇りやすい。たとえば、かつて「常温核融合」という「新技術」に世界が驚いたこともあったが、再現性がなく忘れられていった。一般に新エネルギー技術は注目されやすいが、実用化までには、しばしば何重もの壁がある。それでもエネルギーの話に、私たちはつい心を奪われてしまう。そして過信の後に、大きな落胆が待っていることも少なくない。

だからエネルギー政策はいつも難しい判断を迫られる。真珠湾攻撃から石油危機、福島第一原発の事故に至るまで、日本の近現代はエネルギーに伴う苦難の歴史ともいえる。

技術が私たちの未来を変えるのは確かである。だが同時に「どんな技術が開発されるか」は、私たち自身が「どんな未来を夢見るか」に依存する。シェール革命はいわば、アメリカ人のエネルギーに対する執念が「物質化」したものなのだ。従ってもし日本に住む私たちが、エネルギーの大量消費に基づく社会を卒業すると決めたならば、また別の技術が生まれ、社会も変わるだろう。とにかく、未来はいつだって私たちの手にある——。これを座右の銘としたい。

（二〇一六年一月一五日）

人工知能と囲碁

当分の間、ＡＩ（人工知能）に人類の頭脳が敗れることはないだろうと言われた囲碁で、世界トップクラスの棋士が一勝四敗で負け越した。このニュースを聞いて、ＡＩが人類を敵に回すＳＦ映画を思い出した方も多いのではないか。『二〇〇一年宇宙の旅』や『マトリックス』、最近では『トランセンデンス』。今回のＡＩの「快挙」は、そんな悪夢の始まりなのだろうか。今月はこのあたりから考えてみよう。

ディープラーニングとは何か

まず、今回のＡＩ勝利の最大の要因は、ここ数年、大いに注目されている「ディープラーニング」を応用したことにある。この技術の優れている点はどこなのか。

人工知能の世界では、「パターン認識」という課題が古くから関心を集めてきた。たとえば、この世には無数のバナナがあり、全く同じ形のものは無い。だが人間はバナナに共通のパターンをつかんでいるから、瞬時にバナナだと認識できる。こういう作業は、人間以外の生物も必要に応じて行っているはずだ。一方、コンピューターは正確な計算を積み上げていくことは得意でも、そういう物事を概略的に捉えるような仕事は元来、不得意である。

しかし、現実世界に存在するほとんどの情報源は、音であれ画像であれ、あるいは文章であれ、この種の「パターン」である。従って、コンピューターに人間並みの知的作業をさせようと思えば、パターンを認識してもらうよりない。これは容易ではないものの、長年の研究によりさまざまな手法が開発され、郵便番号などの文字を読みとったり、人の音声や顔を認識したりといった作業は、以前から実用レベルに達している。

さて、ディープラーニングが従来と比べて優れている点は、大量のデータを学ぶことで、自力で「特徴ある何か」の存在を見つけることができる点だ。たとえば「バナナというのは、黄色くて、曲がっている」といった特徴を、あらかじめ人間がコンピューターに教えなくても、大量のバナナを含んだ画像を与えることで、そこから「何か共通する存在が映り込んでいる」ということを抽出する。あとは人間が「ああ、それはバナナと言うものですよ」と教えてやれば、コンピューター内部に「バナナの概念と名前」のパターンが構築されるのだ。今回の囲碁についても、過去の莫大な棋譜を学ぶことで、有利なパターンを見いだし、そこから勝利につながったという。

ディープラーニングは、AIの歴史の初期から検討されてきた、脳の神経回路網をモデルとする研究の系譜に連なる。だが近年、ハードウェアの計算能力が向上したことや、コンピューターに教えるためのデジタルデータがネット上に大量に蓄積されたこと、またアルゴリズム(算法)の適切な改良などにより、従来のものと比べてはるかに精度の良い認識が可能になったのである。

技術を支配するのは誰か

機械に対する根源的な不安・不信が広がることは過去にも何度か起きている。古くは産業革命期のラッダイト運動が有名であるが、一九三〇年代、また一九六〇年代にも機械と人間の競争についての議論が盛り上がったことが知られている。最近でも、宇宙物理学者のホーキングが、真に知的なAIが完成することは、人類の終焉(しゅうえん)を意味するだろうと警告したことが話題になった。今はAIへの脅威論が広がる「ネオ・ラッダイトの季節」なのかもしれない。

しかし、すでに述べたように、今回のAIの「快挙」は、長年の人工知能研究の流れの延長線上にあるものだ。それだけでコンピューターが意志を持つなどということはあり得ない。重要なのは、AIには身体がないという点であろう。生命は身体という限界性があるがゆえに、自我を持つことに「意義」がある。この点でのAIと生命の隔たりは大きい。

他方、人間性の砦(とりで)としての「身体性」への関心は近年、強まっているようだ。たとえば音楽の世界では、ライブイベントの興隆が注目され、またアナログレコードやカセットテープがちょっとしたブームになっている。他にも、料理、旅行、エクササイズなど、身体性を本質とするような活動への関心は高まる一方だ。これらはデジタル化する時代への危機感の表れかもしれない。

それでは、私たちが素朴に抱く、AIを含めた社会のIT(情報技術)化に対する不安感は、単に杞憂だろうか。問題の本質は、技術を支配するのは誰かという点だ。いかなる技術も結局は人間のためにあるのだが、技術が社会のなかで適切に機能するかどうかは、制度設計に大きく依存する。とりわけITは社会制度との関係が深い。技術の進展を見越して適切に制度が改定されなければ、社会的な価値が損なわれる場合もあるだろう。

たとえば、わずかなポイントが貯まることと引き換えに、私たちは購入履歴を日々企業に渡している。そのビッグデータから、企業はAIによって自社に有益な情報を掘り当てて使う。そのことの社会的な倫理性を私たちは、どう考えるべきか。

また米国政府は、AIを使ってテロリストの行動の特徴を認識するシステムを作り、空港に導入しようとしている。その倫理的な妥当性は、誰がどう担保すべきなのだろうか。

このように考えていくと、SF的な視点も時には有効だろうが、真の問題を隠蔽してしまう可能性も否定できない。人間への脅威は、当面はやはり機械ではなく、人間だ。技術と制度をバランスよく目配りしながら、総合的に判断できる人間の知性こそが今、求められているのである。

(二〇一六年三月一八日)

自動運転車の未来

今年(二〇一六年)五月、米国で自動運転機能を備えた車が、前方を横切ったトレーラーと衝突し、運転者が死亡するという悲劇が起きた。車を製造したのは電気自動車メーカーの「テスラ」で、今のところ、原因は調査中とのことだ[1]。

これは自動運転で犠牲者が出た初のケースと考えられるため、世界的な注目を集めているが、やはり気になるのは、自動運転における事故の責任が誰にあるのか、という点であろう。

まず現在のところ、いかなる自動運転モードであっても、運転の責任は基本的に運転者に帰着することになっている。もちろん、自動制御システムやセンサーの故障などにより事故が起きたことが明らかになれば、「欠陥車」という扱いになり、場合によっては製造物責任法などに基づいてメーカーの責任が問われるだろう。実際、国産車でも自動ブレーキの誤作動による物損事故の報告もあり、リコールが適用されるケースがすでに出ている。

自動運転で生じてくる問題

しかしおそらく、より大きな問題は、今後、自動運転車の性能が向上し、本格的に社会に実装されていくプロセスで起きてくるだろう。

米国運輸省道路交通安全局(NHTSA)は、自動運転を〇〜四の五段階のレベルに分けて定義している[2]。今回事故を起こした「モデルS」は「レベル二」に該当し、ハンドル操作と加速・減速の両方が自動化されているが、運転者が常に動きを監視し、何かあれば「直ちに」運転を代わることが義務づけられる。

これが最も高いレベルの「レベル四」になると、完全に自動化され、運転者は不要になる。二〇二五年以降に実現すると予測されているが、早ければ一〇年以内、決して遠い未来の話ではない。

レベル四[3]の車が公道を走ることが許されている未来においては、事故は極めて少なく、仮に起きてもその責任はユーザーではなく、メーカーなどに帰着されるはずだ。だが、レベル二〜三の段階では、さまざまな問題が予想される。たとえば、ある程度自動運転車が普及してくると、歩行者は「最近の車は人を避けてくれる」と安心してしまうかもしれない。しかし、そこに旧型の車が混じっていると、人身事故のリスクはかえって高まるだろう。

また、自動運転中に起きたなんらかの問題をAI(人工知能)が回避しようとした結果、別の事故を引き起こした場合、誰に責任を問うのが妥当だろうか。あるいは緊急事態において、運転者の命と歩行者の命は、どちらが優先されるようにプログラムすべきなのか。助かる人の数が多くなるようにすべきか、優先的に救われる人を設定すべきか。このように、少し考えるだけでも、多くの難問が浮かび上がる。とりわけ人口密度が高い地域では、かなりの混乱が生じるおそれもある。

ただし、このような予想は、新しい技術に対して、社会の側が基本的に「変わらない」という条件での想定である。逆に、自動運転車を導入しやすいように、街や道路の在り方を変えてしまう、という動きが出てくる可能性もあるだろう。

どのような社会が望ましいか

たとえば今後、自動運転へのニーズが高まる要因の一つとして、日本も含めた先進諸国の高齢化がある。高齢ドライバーの運転時の安全確保は、すでに大問題である。また「買い物難民」など、高齢者の移動手段についても、社会問題化している。自動運転はこれらの解決に寄与しうるだろう。さらに、渋滞緩和や燃費の向上にも役立つはずだ。

このようなニーズが高まっていくならば、今後は社会システムの側を改造していくという方向に進むかもしれない。これは、道路や他の交通システムのみならず、都市の構造全体に関わる、社会資本の再設計を意味する。その影響は非常に大きなものとなるだろう。だが当然、それが私たちにとって歓迎すべきことばかりとは限らない。

仮にレベル四の自動運転が実現したとしよう。まず、運転を生業とする人たちの雇用が失われることが指摘されている。これ自身、重大な社会問題だが、それすら問題の一部である。たとえば事故が起きなくなれば、自動車保険は不要になる。また自動運転の普及に伴って電気自動車の割合も増え、ガソリン関連産業も縮小するだろう。何よりも、自動運転の世界で覇権を握るのが、現在競争力を維持している自動車メーカーである保証は、どこにもない。これは特に日本にとって深刻な事態だ。

インターネット検索大手の「グーグル」が、自動運転に積極的な投資を続けていることは有名だが、それは、自動運転の本質が、社会インフラのＩＴ化であると理解しているからであろう。特定のＩＴ企業グループが中心となって社会システム全体を丸ごとＡＩで管理し、自動車メーカーはそのいわば下請けとなる、といった可能性も否定できない。それは、通信の主戦場がスマートフォンに移行する際に、日本のメーカーの競争力が急速に失われていった時と似た状況が、「自動車」を舞台に、より広範囲で起こることを意味する。

この事態への関係者の危機感は強く、各方面で検討が始まっている。今や、社会全体で将来の「自動運転社会」について考えるべき時期が来ているのではないか。その際に重要なのは、技術の進展にただ従属するのではなく、私たちにとってどんな社会が望ましいのか、衆知を集め、まずその姿をしっかり描くことだ。技術はいつも、私たちのためにある。このことを忘れてはならない。

（二〇一六年七月一五日）

「もんじゅ」と「豊洲市場」

完成した巨大プロジェクトが無駄に？

最近、巨大プロジェクトの見直しに関するニュースが、紙面をにぎわせている。

一つは、高速増殖炉「もんじゅ」。投じた予算は、今年度(二〇一六年)末までの累計で一兆円を超す。その内訳は建設費が六〇〇〇億円弱、そして運転・維持費が約四四〇〇億円だ。もう一つは豊洲市場の問題である。今年春の段階で、施設整備も含めた全体の費用は、六〇〇〇億円に迫る。

言うまでもなく、施設の目的や責任の主体、また問題の大きさやタイプなど、あらゆる点で両者の性格は異なる。また今後両プロジェクトがどうなるかは基本的には未確定、それぞれ議論の最中である[1]。しかし少なくとも、長い時間と関係者の膨大な労力によって完成、あるいは、ほぼ完成したプロジェクトが、無駄になるかもしれないという点では、よく似ている。施設本体の予算規模が似通っているのも共通点だろうか。

結論がどうなるにせよ、今はこれらの混乱の根本的な原因について、私たちの社会が考え直すチャンスであるのは間違いない。当然、さまざまな見方があろうが、ここでは以下の角度から問うてみたい。それは、いずれのプロジェクトも、行政が専門家集団と分かちがたく結びついており、広範な利害関係者の合意を得る前に、ある意味で「見切り発車」されたことが、本質的な問題ではないか、という視点である。

専門家の判断と民主主義

もし、問題が純粋に政治の問題であるならば、民主的に決めさえすれば、結果については「社会全体で責任を負う」ということで決着するかもしれない。しかし現代の政治問題は、単に皆で議論をして決めればよい、というものはまれである。多くは、それぞれの「専門家の判断」の強い影響下で決定・推進されているからだ。

ただし、ここで言う専門家とは、研究や調査を生業とする人々だけを指すのではない。研究者や学者のみならず、さまざまな種類の技術者やコンサルタント、さらには行政組織で働く技官なども含めた、プロジェクトを分担する専門的なスタッフ全体を「専門家」と呼ぶべきである。

ところで、専門家の判断と、民主的な議論の結論は必ずしも一致するものではない。両者は、判断の基準やプロセスが異なるからである。当然、簡単に優劣がつけられるものでもない。ここで問題となるのは、専門家の判断というものが、社会全体から見て、必ずしも中立的とは限らないという点だ。

たとえば、ある組織に属する専門家は、その組織の利益が損なわれるような技術的決定を推奨しづらいだろう。それが、社会一般の利益と相反するケースもある。安全性の確保などは、少なくとも短期的には、そういう傾向がある。

これに対しては、個々の専門家の倫理の問題だという声もあるかもしれない。だが個人の資質に期待しすぎる「精神論」は危険だろう。適切な制度と人材があいまって、システムは健全に機能するものだ。そうだとすれば、専門的な場面に「専門知を備えた第三者」が分け入って、技術的なことも含めて精査する仕組みを導入すべきだろう。

むろん、さまざまな安全規制や基準などは、元々は、そのような観点から整備されてきたとも言える。また、全ての技術的な決定において、外部の監査を導入するのは現実的ではない。基本的には専門家に委任しなければ、物事は動かないからだ。

社会的影響が大きな決定に新しい仕組みを

だが一方で、従来の民主的な手続きだけでは見過ごされてしまうような、いわば「重要なディテール」が議論の俎上にのぼらなかったからこそ、「もんじゅ」も「豊洲市場」も、政治的・社会的な問題になったとも言えるのではないか。

結局、問題の核心は、民主主義と専門主義の本質的な緊張にこそある。従って、そろそろ抜本的な改革を行うべき時期に来ているのかもしれない。とりわけ、今回の二つのプロジェクトのような、社会的な影響が大きい行政の決定に対しては、新しい仕組みが必要ではないか。

以上のような状況に対して、欧米ではこれまで、「議会の力」を高める方法を模索してきた。当然ながら行政の行為を監視するのが議会の役割である。しかし、行政と専門家集団が結びついて運営されているプロジェクトを、市民の代表者である議員が読み解くことは、専門的な知識が壁になって容易ではない。もちろん、独自の調査で技術的な本質に切り込む議員もいるだろうが、制度的な支えを作ることは重要だろう。

そこで生まれたのが、議会が独自に、高度の専門家から成る組織を擁するというアイデアだ。最初は一九七〇年代の米国議会に設置され、後に欧州で広がった。国によって異なるが、たとえば英国には、博士号をもった複数の専門家が議員を支援する、「議会科学技術局」という組織がある。その他にも、議会活動の実効性を高めるためのさまざまな工夫が試みられている。

私たちの社会はいまだに、政治的判断と専門的判断は明確に切り離せるもの、と考えがちだ。しかしこれはもう、過去のものの見方かもしれない。巨額のコストやリスクを伴う大きなプロジェクトを行政が始めようとする時、専門性を高めた議会が冷静に評価をする。それは、一見すると遠回りに感じられるかもしれないが、長期的には十分に元が取れるはずだ。今、大切なのは、失敗から学び、後悔しないためのより良い制度を作ることである。私たちの社会の理性をもう一度、信頼したい。

（二〇一六年一〇月二一日）

広がる「ポスト真実」

南スーダンで国連平和維持活動(ＰＫＯ)に従事している自衛隊の日報に、ＰＫＯ五原則に抵触する可能性のある「戦闘」の文字があることが判明した。防衛大臣は国会の答弁において、これは法的な意味の戦闘ではなく、憲法九条上の問題になる言葉は使うべきではないことから「武力衝突」という言葉を使っている、と説明した。かつての日本ならば、一気に政権が揺らいでもおかしくないほどの事件にも見えるが、現状としては、そこまでの緊迫感はないようだ。

もちろん与党が安定的に多数を占めているとか、内閣支持率自体が高いといった要因はあろう。国際情勢の変化に対する不安から、安全保障については新しい考え方で臨むべきだ、という世論が強まっているのも感じる。そういった政治的な背景について考えていけば、この奇妙な雰囲気を説明できるのかもしれない。

だが、果たしてそれだけが理由なのだろうか。

かつての名門企業「東芝」が今(二〇一七年二月)、存亡の危機に瀕(ひん)しているのは周知の通りである。なぜそこまで追い詰められたのか、理由は重層的だろうが、何よりも、経営状態についての「事実」

が共有されておらず、むしろ長年にわたって隠蔽されてきたことが問題の本質であろう。

このような、事実を事実として受け入れず「字面の書き換え」でつじつまを合わすという悪弊が、実は私たちの社会のさまざまな領域に広がっているのかもしれない。その結果いつの間にか本当に守らなければならない規則が忘れられ、ついには大惨事に至るというケースもある。

一九九九年に起きたＪＣＯ東海事業所・核燃料加工施設での臨界事故は、まさにこのようなルールの逸脱が重畳した結果、起きた悲劇であった。核物質という、最も緊張感をもって向き合うべきものが、日常のとるに足らないルーチンにまで転落していたのである。

事実の軽視、まるで中世

ところが、この「事実の軽視」という態度は、今や日本だけの問題でもないらしい。オックスフォード大学出版局が、二〇一六年に最も注目された言葉として挙げたのが「post-truth（ポスト真実）」であった。これは、客観的な事実よりも、人々の感情や主観の方が、世論の形成に大きな役割を果たす政治状況のことを意味する。英国が欧州連合（ＥＵ）離脱を決めたことや、事実ではないことを盛んにツイートしたトランプ陣営の勝利の背景には、この共通の状況があるというのだ。

政治が言葉を軽視するのは今に始まったことではないのかもしれない。ただ、先進諸国で同時多発的に、かなり真っ正面から「事実」が無視され、しかもそのことを多くの人々がさほど気にとめないという状況は、かつてあっただろうか。

だがスコープを少し広げてみれば、そのような時代が過去には存在したことに気づかされる。

中世後期に書かれた『健康全書』という本がある。当時、先進地域であったアラビア世界における養生法の書をラテン語に翻訳したもので、図版が豊富なことでも知られる。その中に、「マンドラゴラ」という植物の記述がある。これは根のところが人間の形になっており、引き抜くと恐ろしい声で叫び、聞いた者を死に至らしめると説明されている。ビジュアル的な強烈さゆえか、最近は漫画やゲームなどの世界でも、この怪しい植物をモチーフとしたキャラクターが登場することがある。

当然、現実には存在しない生物なのだが、驚かされるのは、これがキャベツやホウレンソウなど、普通の植物の記述と並んで記載されていることだ。ここから見えてくるのは、当時を生きた人々が重視したのは、対象が実在するかどうかではなく、集合的な主観において、リアリティーを共有できているかどうかだったのではないか、ということだ。

実際このほかにも、悪魔や魔女について詳説された『悪魔学大全』という書籍、また運動についてあれこれ考察しているのだが、実験・観察に基づかないために科学として成立していない記述など、事実性が重視されない中世の文献は多々見つかる。

今こそ、近代の価値の再整理を

長い間、中世は暗黒の時代であり、非合理と迷信が支配していたという理解がなされてきた。これは自らが生きる「近代の価値」をことさら称揚する立場から書かれた、歪曲(わいきょく)された歴史記述だったという面もあろう。だが、いつの間にか私たちが生きる時代が、むしろ中世に似てきているということはないだろうか。

「ポスト真実」が、ツイッターなどのSNSで広がったことも、「中世化」と符合するだろう。情報化によって私たちはすでに、現実に存在する世界ではない、電子的な記号システムの体系に、リアリティーを感じるようになっている。昨年話題になったゲーム「ポケモンGO」のように、仮想空間にモンスターが跋扈(ばっこ)し、それを生身の人間が追いかけるという現象も、現実が重視されなくなっているという点では、地続きなのかもしれない。

私は以前から、この時代は近代性が弱ってきていて、いずれ中世に逆戻りしてしまうのではないかという不安を感じてきた。杞憂だとよいのだが、最近はその傾向が強まっているようにも思える。事実の軽視は、言うまでもなく、恐ろしい結果をもたらしかねない。大きな時代の潮流にあらがうのは容易ではないが、近代という時代に培ったさまざまなものごとの価値を整理し、改めて確認すべき時期にあるのではないか。

(二〇一七年二月一七日)

仮想通貨の理念と課題

最近また、「ビットコイン」という言葉を頻繁に耳にするようになった。先月（二〇一七年一二月）には一時、一年前に比べて二〇倍以上の値をつけたというから、注目が集まるのも無理はない。今週も価格が大きく動いたようだ。

現在、このビットコインも含め、「仮想通貨」と呼ばれるものは世界で一〇〇〇種類を超える。だが、これらは金融商品というわけではない。また、デビットカードや鉄道の「Ｓｕｉｃａ」のような、電子的な決済ツールとも、かなり性格が異なる。今月は、毀誉褒貶（きよほうへん）の激しいこの新しい技術について、少し考えてみよう。

「ブロックチェーン」の考案

ことの始まりは「サトシ・ナカモト」という人物が約一〇年前に発表したとされる論文だ。彼のアイデアは画期的ではあるが、その要素となっている技術の多くは、必ずしも新しいものではない。その「組み合わせ方」が非常に巧妙だったのである。

背景にある思想は、昔からコンピューターの世界の底流にある、リバタリアン的な自由主義であろう。技術によって、権力からのあらゆる規制を乗り越え、真に自由な世界を実現しようという理想主義的な考え方だ。情報技術を先導してきたキーパーソンの多くは、程度の差はあれ、この種の理念を共有してきたように思う。ビットコインは、通貨の世界でそのような理想を実現しようとする企て、という側面も指摘できる。

技術の中身についても、概要を確認しておこう。

電子的な情報を通貨の代わりにしようとする時、最初に問題となるのは、不正にコピーされるリスクである。電子情報の世界におけるデータはなんであれ、本質的にコピーが可能である。それを防ぐためにさまざまな工夫がなされてきたが、ビットコインが一定の成功を収めたのは、「ブロックチェーン」という、一種の「共有の取引台帳」の仕組みが実装されたことによる。

仮に、個々人がモノとしてのお金を実際に持っていなくても、全てのメンバーの所有金額を正しく記したリストが存在し、それをメンバーの求めに応じて適切に書き換えることができるならば、これは事実上、「通貨」として機能する。

たとえば、飲み屋の「ツケ」のようなものを想像すればよい。帳簿の数字を正しく書き換えれば、常連客同士で金銭のやりとりをすることもできるだろう。だがその場合は「飲み屋」というデータ管理センターが必要になり、その分だけ自由度や匿名性が下がる。誰でも好きなように使える通貨とは言えない。

誰かが全体を管理しなくても不正な取引が起こらず、秘密は保持されるような仕組みは作れないか。これを暗号技術などによって実現したのが、ブロックチェーンなのである。

具体的には、「A氏からB氏にコインを渡す」といった取引内容が、鎖のように連なる台帳データの末尾に、定期的にまとめて追記される。また参加者全員が同じデータを共有するので、不正送金は非常に困難である。重要なのは、どれが正しい台帳であるかが、常に明確になっていることだ。そこが担保されなければ、このシステムは成り立たない。

そのために、実に巧みな仕組みが備えられている。詳細は専門的になるので省くが、興味深いのは、台帳の信頼性を確認・維持するための作業に、基本的に誰でも参加することができ、新たなビットコインがその報酬として得られるように設計されている点だ。これがインセンティブとなって、中心的な管理者がいなくても、このシステムは自動的に維持される。同時に、新たなコインが持続的に供給されるわけだ。

さらにビットコインは、その総量が設計上、定められている。従って希少性という点では、中央銀行がその気になればいくらでも印刷できる「銀行券」よりも、かつて通貨の役割を果たしていた金属の「金」に近い。インフレに強い構造が最初から埋め込まれているともいえるのだ。

多様な応用に、知の協働を

ただし、課題も多い。たとえば今後、利用者が拡大していった場合、適切にシステムを維持できるのかという「スケーラビリティー」の問題がある。また、単にシステムを維持するだけで大きな計算機資源が必要となり、電力の浪費だ、との批判も根強い。さらに現状は、投資ないし投機目的で買われるケースが目立ち、価格変動も激しいので、通貨としての実用性は低い。このように、本格的な普及を図るには、乗り越えるべき壁は少なくないようだ。これからが正念場、というところだろうか。

実は、発明者の「ナカモト」氏はほどなく開発コミュニティーから姿を消してしまった。そのため今もその正体は誰にも分からないという。当然、日本人かどうかも不明だ。だが彼のコンセプトは受け継がれ、世界中の人々の協力によって、この技術は分散的に発展を続けている。

不思議な話ではある。だがＩＴの世界では、設計仕様やソースコード（プログラム）が公開され、ボランティアが協力して開発が進められる例は珍しくない。ＯＳ（基本ソフト）のリナックスなどが有名だが、これらはある意味で「技術の民主化」の潮流を作ってきた。またブロックチェーンは通貨のみならず、多様な応用が考えられるだけに、今後も世界中の知が協働することが重要だ。

歴史的には、通貨は新しい技術が登場するたびにその姿を変え、時代を牽引してきた。仮想通貨はまだ始まったばかりで、未知数の部分が大きい。それだけに単なるブームではなく、着実で建設的な発展を期待したい。今後の展開を注視しよう。

（二〇一八年一月一九日）

情報化がもたらす変化

本コラムも四度目の春を迎えた。これまで、私たちの社会の安心を脅かすさまざまな問題を掘り下げてきたが、最近は議論の射程が広がり、必ずしも「安心」だけが主題ではないことも増えた。そこで新年度を機に、看板と中身を一致させるべく、表題に「plus」を加えてみた。マイナーチェンジではあるが、気持ちも新たに再スタートしたい。

そういうわけで今回の模様替えの前に、過去のコラムの全内容を確認してみたのだが、こんな時に便利なのが新聞データベースの検索機能だ。「安心新聞」と入力すれば、四一本の記事がすぐに表示される。学生時代、新聞の縮刷版をめくっていた頃とは、隔世の感がある。これは一例に過ぎないが、情報化の進展は私たちの生活を根本から変えた。この四半世紀で最も大きく私たちの生活を変化させたのは、やはりＩＴ（情報技術）であろう。

日本はなぜ「情報化」に乗り遅れたか

そして、日本社会がめっきり経済成長しなくなったのも、おおむね同じ頃からだ。むろん、経済成長には、資本や労働力など、さまざまな要素が関係しているので、単純な議論は慎むべきだ。だが少なくとも、ＩＴ分野で日本が出遅れたことは否定しようがない。それにしてもなぜ、工業国として最先端を走っていたはずの日本が、その延長にあるように見えるＩＴのアリーナで躓いてしまったのか。なぜ日本には、アップルやグーグルが生まれなかったのか。

これも理由は色々考えられるが、日本の主要なリーダーたちの「理解不足」は原因の一つだろう。二〇世紀の後半から世界で起きた「情報化」という流れが、どれほど大きな変革をもたらすか。そのスケール感を把握できていなかったのではないか。今でも、情報化というのは、単に技術的な問題であると考えている組織人は多い。だから、情報に関連する業務を特定の部署に任せっきりにする会社も少なくない。

いつも気になるのは「サービス」という言葉だ。情報化社会での商品は経済学で言うところの「財」ではなく「サービス」として提供されることが多いが、日本語で「サービスです」と言えば、「タダ」を意味する。こういう認識では、ＩＴで時代の先端を行けるとは思えない。

時代を根本から見つめ直せ

多くの識者が説く通り、今、世界で起こっていることは、相当に根本的な、まさに世界史的な変化である。そのことを正しく理解するためには、自分たちの生きる時代そのものを「外部」の視点から見つめ直すことが求められる。

当然「本当の外部」には立てないので、近似的に考えるしかない。その際に役立つのが「歴史」という思考法だ。すなわち、過去の時代の転換期に、本質的に何が変容したのかを学ぶことで、来たるべき新時代を見通す手がかりを得るのだ。

では、私たちの生きる「近代」が始まった時、何が大きく変わったのだろうか。まず挙げるべきは客観性の重視であろう。

中世は、人々の内面が重視された時代である。美術の例が分かりやすいが、中世の絵画では、実物どおり写実的に描かれるのではなく、デフォルメされる場合が多い。主観的な判断が、絵柄に強く反映されていたのだろう。妖怪や精霊の類がよく描かれたのも、人々の心の中には確かに存在していたからだと思われる。だが、近代的な客観主義は科学と結びつき、そのような「現実でないもの」を表舞台から退場させた。

もう一つは物質の重視である。中世は、精神性が大切にされた一方で「モノ」の価値はあまり強調されなかった。実際、生産力が低かったので、物資を十分に供給できなかったということも、精神主義が支配的になった理由の一つだろう。しかし周知の通り、近代に入ると大量生産・大量消費の時代がやってくる。モノをたくさんつくり、使うことが「正しいこと」になったのだ。

では、情報化が進む今も、客観主義や物質主義は、この社会において支配的な価値観といえるだろうか。

すでにネットの世界では、実在するかどうか、真実かどうかよりも、多くの人々に承認されることに高い価値が置かれるようになっている。「クール」なのは、再生回数が多い動画であり、多数の「いいね」がつく画像だ。また臨場感の高いバーチャルなゲームも人気がある。そこでは現実と仮想がシームレスに接続し、ゲーム内の通貨も含め、アイテムのやりとりが重要な意味を持つ。

また、情報化が進むと同時に人々は、モノに関心を示さなくなっている。どちらが原因なのかははっきりしない。個人の所得が増えないからモノが買えないだけだ、という見方もあろう。とはいえ、モノを持つことに関心が薄い層が、若い人ほど増えているのは間違いなさそうだ。

このように、情報技術も近代社会に生まれたものだが、何故か近代の典型的な価値観を逸脱している側面があるらしい。その意味で、私たちはすでに「近代の次」に足を踏み入れているのかもしれない。

日本は、近代の構成要素の中でも、特に「工業化」に強く適応した社会であった。その成功体験が、次の時代に進もうとする私たちの足を、引っ張ってきたとも考えられる。

むろん、その「次の時代」が「良い時代」とは限らない。未来がすでに決まっているわけでもない。だからまずは、今私たちがどういう道筋を歩んでいるのか、根本から問い直すことから始めるべきだろう。小手先の「戦略」では、歯が立たない。

（二〇一八年四月二〇日）

日本の「イノベーション政策」

最近、「イノベーション」という言葉をよく耳にする。現政権においてもイノベーションは非常に重視されており、「第三の矢」とされる「成長戦略」においては、中心的な役割が与えられてきた。イノベーションさえ起これば経済は成長プロセスに乗り、日本社会は再び活気を取り戻すはず。そんな漠然とした期待が広がっているようにも思う。しかし、それは確かなことなのだろうか。

今月(二〇一八年六月)は、この概念の本来の意味を確認した上で、近年の日本の「イノベーション政策」について、少し考えてみたい。

イノベーションとは何か

イノベーションは元々、オーストリアの経済学者、シュンペーターが二〇世紀前半に提起した概念である。日本ではしばしば「技術革新」と訳されるが、本来の射程はより広い。

一九二六年に出版された改訂版『経済発展の理論』では、大きく五つのケースが示されている。まずは「新しい財貨の生産」。これは私たちの知っている技術革新に近い。加えて「新しい生産方法の導入」や「新しい販路の開拓」といった、製造プロセスやマーケティングに関する事項が続く。さらに「原料あるいは半製品の新しい供給源の獲得」や「新しい組織の実現」といった、産業を支えるシステムや基盤についての言及も見られる。

シュンペーターは、これらを「新結合＝neue Kombinationen」と呼び、モノやコトの価値ある「新しい結びつき方」を新機軸＝イノベーションと定義したのである。

同時に彼は、新しい結合が生じることで、旧来のつながりや慣行が壊される、「創造的破壊」が起こることも指摘している。

歴史的に、そのような例は多々ある。馬車が自動車に取って代わられ、石炭が石油に切り替わり、最近では銀塩フィルムのカメラがデジタルカメラになり、今やスマートフォンに付属するレンズで写真は十分、という声も聞くようになった。

こういった変革が起こると、旧来型の仕事に携わっていた人たちは抜本的な対策を迫られる。そして現実には、その多くが廃業に追い込まれてきた。このような厳しい側面を併せ持つのがイノベーションである。

一方、その過程やメカニズムについての学術的研究もなされてきた。その結果、イノベーションを管理するための知識も、ある程度は蓄積されてきた。だが、社会に強いインパクトを与えるようなイノベーションの多くは不連続的な現象であって、事前の計画や設計ができる類いのものではないことも分かってきた。

また、真に影響力の大きいイノベーションは、以下のような物語を伴うことも多い。少数のパイオニア、時には狂信的ともいえるような情熱を持った人たちが、世間の冷たい視線にもめげず努力を続ける。そしてついに成果を世に示す日が来る。人々は驚愕し、世界が変わる――この種のストーリーは当然、計画や設計には馴染まない。

本物のイノベーションとは

ところが、そんなイノベーションを日本政府が促進するという。少し現状を見てみよう。

政府は、一九九〇年代半ばから五年ごとに「科学技術基本計画」を策定し、科学技術政策を長期的視野で進める仕組みを設けている。その四期目にあたる二〇一一年の「基本計画」では、「自然科学のみならず、人文科学や社会科学の視点も取り入れ、科学技術政策に加えて、関連するイノベーション政策も幅広く対象に含めて、その一体的な推進を図っていくことが不可欠」とし、これを「科学技術イノベーション政策」と位置づけた。

本来、科学技術政策と産業政策は別ものだが、最近は産業政策、特にイノベーション政策の手段のように科学技術政策が位置づけられることが目立っている。

実際、政府の科学技術政策の司令塔「総合科学技術会議(CSTP)」は、二〇一四年の内閣府設置法改正により、「総合科学技術・イノベーション会議（CSTI）」に名称変更された。

加えて、閣議決定で設置された「日本経済再生本部」のもとに置かれた「産業競争力会議」の、さらにその中のワーキング・グループが、CSTIに対して「宿題」を出し、CSTIが対応するという、不思議な現象も起きているという。

これを「官邸主導」と呼べば聞こえはいいが、国会の議決に基づく、法的根拠のある行政組織が、閣議決定を根拠とする組織の「手足」のごとく走り回っているとすれば、問題ではないか。

これらは一部の例に過ぎないが、日本では他にも、すでにさまざまな政策が、イノベーションの名の下に動員されていく流れにある。それが本当に日本社会を豊かにするならば、一つのやり方かもしれない。だが、シュンペーターが指摘しているように、本物のイノベーションが起これば、それはしばしば既存のシステムの破壊を伴うということも、忘れるべきではない。

かつての通商産業省は、石炭から石油へのエネルギー革命に対処すべく、石炭対策特別会計を設け、石炭産業を安定化させ、離職者の生活を守ることにも気を配った。

行政の本来の仕事は、イノベーションを加速することよりも、その結果起こるさまざまな社会経済的なゆがみに対処することではないだろうか。結局のところ、政府はイノベーションという難題に、どのように、どこまで関わるべきなのか、今一度、落ち着いて見つめ直すべき時だろう。

（二〇一八年六月一五日）

「ブロックチェーン」再考

昨年一月に本コラムで取り上げた「仮想通貨」。その後、不正アクセスによる大量盗難事件も報じられたためか、いまだに毀誉褒貶が激しいようにも感じられる。

しかし少なくとも、仮想通貨を成立させている「ブロックチェーン」という技術は、非常に可能性があるテクノロジーであり、私たちの社会を一変させるほどの潜在力を持っているといえる。そこで改めて、この技術について考えてみよう。

新しい技術が現れた時、私たちは自分の手持ちのイメージからその意味を類推し、理解しようと試みるものだ。かつて自動車が登場した時は、人々は馬車についての知識を援用した。実際、クーペやリムジンといった言葉は、元々馬車の用語である。

従って、その新技術について、たとえば有名なSF映画や小説などに、未来予想として描かれていれば、人々ののみ込みは早いだろう。

この点で、ブロックチェーンという技術は不利かもしれない。なぜなら、どんなSF作品もこの技術を予見していなかったからだ。「電子的な通貨」と言われれば、まだ想像がつく面もあるが、「分散型台帳技術」と言われても、何がすごいのか、直感的には分からないだろう。

「信頼確保」の技術

むしろこの技術は、別の角度から光を当てるのが理解への早道だと思われる。それは、私たちが「信頼」というものを、どうやって構築しているか、という視点である。

私たちは、まず、「よく知っているヒトやコト」を信頼する。たとえば、突然やってきた訪問販売員よりは、いつも使っているスーパーの店長を信頼する。また、生まれて初めて利用する外国の地下鉄には、不安を抱くこともあるだろうが、普段乗っている路線バスは安心だ。

しかし、初めて乗る旅先の地下鉄でも、信頼できる友人が同伴してくれるなら、安心感はぐっと増す。これは要するに、「信頼している人の判断を信頼する」ということに支えられているわけだ。

科学的な知識への信頼や、企業に対する信頼なども、個々人が直接判断しているのではなく、「信頼できる先生が言っているのだから大丈夫」とか、「信頼できる伯父さんが勤めている会社だから安心だ」といった、「信頼の媒介者」によって成り立っているといえる。

インターネットが普及し、世界中が情報的に一つにつながった現在でも、見知らぬ人への「信頼」を担保する仕組みを作るのは難しい。やはり問題になるのは、売買のシーンである。「お金」を直接、電子的に送る簡便な方法がなかったのだ。

そのため、従来のネットの世界では、クレジットカード会社や、電子決済サービス会社を間に挟むことで取引を行ってきた。最近、日本でも注目を集めている、いわゆる「スマホ決済」や、各種のポイントなども、結局は同じ仕組みである。要するに、「信頼の仲立ちをする企業」に対する信頼によって、成り立っているのだ。

今のところ、それで問題ないようにも見える。だが、これらの方法は、信頼を構築するために第三者の組織を使っているため、なんらかの形で取引には手数料が課せられる。

また今後、より問題になる可能性があるのは、取引履歴が、媒介する企業などに一方的に蓄積されていくという点である。

これは、経済的な問題のみならず、時には人権が侵害されるリスクを伴うかもしれない。実際、先月(二〇一九年一月)、ポイントカード大手の「Tカード」の個人情報が、裁判所の令状なしに捜査機関に渡っていたことが明らかになった。この問題は大きな議論になっているが、根本的には、「ポイント」という電子的な通貨が、特定企業の丸抱えのシステムによって運用されていることに原因がある。

さて、ブロックチェーンという技術は、このような問題を一気に解決する可能性を秘めている。技術的な詳細は省くが、これは要するに誰もがアクセスできる「台帳」である。参加者は平等の資格を持ち、誰かが勝手に書き換えることは「原理的に」不可能であるように、暗号技術などによって担保されている。情報が勝手に誰かの元にだけ集まるということも、基本的にはない。現金の場合、その使用履歴は、政府であってもトレースできないのと似ている。

しかも台帳には何を書き込んでもよい。お金だけでなく、特許や不動産などさまざまな権利、また遺言や私人同士の契約など、何でもよい。重要なのは、「信頼を担保するための媒介者」が要らないという点だ。

ブロックチェーンは「破壊的イノベーション」か

日銀が信頼を支える「通貨」が典型例だが、さまざまな証明や権利は、基本的には政府機関への信頼によって、確保されてきた。しかし、上手にプログラムすれば、いちいちそのような「仲立ち」を置く必要がなくなるのだ。実際、東欧のエストニアでは、ブロックチェーンを使って行政機能をまるごと電子化・自動化するための実験が始まっている。

世界史を振り返ってみれば、信頼を担保するために、さまざまな制度や仕組みが工夫されてきた。ブロックチェーンが、そこに革命的な変化をもたらすとすれば、まさに経営学者クリステンセンの言う「破壊的イノベーション」そのものだろう。

なかなかイメージしにくい技術だが、少なくとも仮想通貨は、その最初の応用に過ぎないことは確かだ。今後、本格的に動き出すと、各方面に影響が出るかもしれない。この技術を社会全体でどう育てていくか、本格的に考え始めるべきだろう。


（二〇一九年二月一五日）

量子コンピューターの可能性

（二〇一九年）一〇月、最先端のスーパーコンピューターで約一万年かかる計算を、グーグル社が開発した量子コンピューターが三分二〇秒で実行したと報じられた。その論文が載った科学誌『ネイチャー』は、同号の解説記事において、「ライト兄弟の最初の飛行に匹敵する重要なマイルストーン」と持ち上げている。一方、ライバル企業のＩＢＭは、「上手にやれば、スパコンでも二日半でできる計算」と「成果」に疑問を投げかけた。

少し前まで「量子コンピューター」はＳＦの世界の技術であったが、近年、急速に開発競争が熱を帯びてきている。しかし、一般の人たちから見ると、何が起きているのか分かりにくい。企業間、国家間の「競争」が実態を見えにくくしている面もあるだろう。どのくらい驚くべきことなのか、私たちの将来の暮らしにどういう影響がありそうなのか。

なかなか厄介なテーマだが、今回はこの技術について考えてみよう。

量子コンピューターとは何か

そもそもコンピューターのハードウェアは何をしているのか。よく言われるのが、全ての数値を〇と一を意味する電気信号に置き換えて、トランジスタなどから成る論理回路によって計算している、という説明だ。トランジスタは、半導体で作られた一種のスイッチである。私たちが使っているスマホやパソコンなどには、非常に微細なトランジスタが何億個も組み込まれたチップが搭載され、それらがギガヘルツのオーダーで同期しながら処理を行っている。

日進月歩で小型化・高速化してきたコンピューターも、いずれは限界が来る。それはトランジスタが小さくなり過ぎて、原子の大きさに近づいてきたからだ。実は、そのような極微スケールの世界では、私たちの日常とは異なる物理法則が支配するようになるのだ。

たとえば、電子は「波」の性質と「粒」の性質の、両方を持つ。常識的には、粒は「モノ」だから、それ自身で存在できるが、波は何かが振動することで生じる「現象」なので、媒体が必要だ。だが、その両方の性質を持つといわれても、どういうことか直感的には理解できない。また、一つの原子が右回転しつつ左回転している、というような不思議なことが起こる。速度も、位置も、多様な可能性の重ね合わせのような形で、比喩的にいえば、多重露光した写真のように、確率的に重なり合って存在している。同じ一つのモノが、同時にここにあり、またあそこにもあるという、さまざまな「在り方」を具備しているというのだ。

このような極微世界の物理法則は「量子力学」と呼ばれる体系に厳密にまとめられている。その中味は、まるでファンタジーだが、幻想でも比喩でもない、ロジカルな現実を表している。二〇世紀前半に量子力学が登場して以来、これをどう理解すべきか、物理学者も哲学者も頭を悩ませてきた。

ファインマンの着想

ノーベル賞を受賞した物理学者のファインマンは、「量子力学を理解している者は誰一人いないと言って良い」という言葉を残している。あのアインシュタインも、彼自身、量子力学の建設に寄与した一人だが、その「非常識さ」ゆえに、後に否定的な立場をとった。しかし今のところ、この理論に矛盾する実験結果が観測されたことはない。

さて、この極微世界の粒子の振る舞いは、トランジスタを小さくする上では技術的に邪魔になる。マクロにはきちんと電線を流れていた電子も、ミクロになってくると、この量子効果によってあちこちに「散歩」をするのが、無視できないレベルになってくるからだ。ところが、先ほどのファインマンは、このような不思議な性質を逆手にとり、高速計算に使えるのではないかと着想した。一九八〇年代のことだ。その後、いくつかの技術的な問題が解決されたため、二一世紀の私たちは量子コンピューターの実機を目にするまでになったのである。

具体的には現在、大きく二つの方式がある。今回グーグルが発表したものは、「量子ゲート方式」と呼ばれるものだ。一方、四年前に「PCの一億倍の速度を実現した」として注目を浴びた、カナダのD-Wave社のマシンは「量子イジングマシン方式」で、仕組みがかなり違う。元々研究されていたのは前者だが、まだ動作の安定性が得られにくい。後者は、計算の種類が限られるが、安定な素子を作れる点で優れている。

社会を変え得る新技術とどう向きあうか

いずれにせよ、基本的にはまだ、実用的なレベルには達していない。よく、ネット通信の暗号が解読されてしまうという不安が語られているが、当面は心配ないだろう。現在の量子コンピューターは、従来型コンピューターの一九五〇年ごろの段階にあるように思う。

とはいえ、今、世界中でさまざまな方法での実装が試みられており、近いうちにブレークスルーが起きる可能性も否定できない。仮にそうなったならば、社会的にも大きなインパクトとなるだろう。

私たちはこれまで、科学技術の開発について、たいていは専門家に任せっきりにしてきた。また専門家の側も、科学技術は価値中立的であり、問題は使い方だとして、その社会的責任には基本的に無頓着だった。

しかし、この量子コンピューターも含め、ＡＩやゲノム編集など、私たちの社会を大きく変えうる新技術の開発が近年、加速している。このような状況において、科学技術と社会の関係も、新しい段階に進むべきなのかもしれない。

（二〇一九年一二月二〇日）

Ⅳ

市民生活の「安全安心」

パリ同時テロ事件の現場周辺で犠牲者を悼む人たち(2015年11月16日、パリ市内)

食のリスクとメディア

(二〇一五年)元日に、ウルリッヒ・ベックが逝った。一九八六年、「リスク社会」という概念を提示したドイツの社会学者である。エネルギーや環境問題はもちろんのこと、新自由主義の拡大、EU統合やグローバル化など、現代社会の諸問題に対して精力的に発言していただけに、各界から驚きと悲しみの声が聞こえてきている。

彼の提示した考え方について、ここで改めて確認しておきたい。近代の初期は、「モノ」の生産こそが社会の中心的関心であり、適切な生産と公平な富の分配こそが、政治的課題の要となる。二〇世紀は自由主義と社会主義の対立が顕著であったが、従って、その意味では両陣営ともに同じ平面で戦っていたことになる。だが、徐々にモノが充実していき、また福祉などの制度的な整備も進んでくると、人々は生産に伴って現れる「リスク」の方にむしろ注目するようになる、というのだ。

そのメカニズムについては、大きく二つの捉え方がある。一つは、物質的な充足によって、あたかも白い服には小さなシミも目立つように、リスクが「目につくようになる」という側面である。要するにこれは「認識の変化」が原因だ。もう一つは、さまざまな物質の生産など、近代社会を成り立たせている活動そのものによって、新たな不都合、たとえば環境汚染や巨大な事故が生じている、という論点である。こちらは「実在の危険」そのものが、新たに生じていることになる。

問題は、社会に起こるおのおの具体的・個別的な論点において、そのどちらが支配的なのか、ということだろう。実際私自身、しばしば問われるのは、「で、結局、危ないんですか、危なくないんですか?」という率直な疑問である。確かに、皆の関心はそこにある。当然だろう。日々、「怖いニュース」にあふれているメディア環境において、自分が本当に心配すべき問題は何なのかを見分けることは、決定的に重要な課題だからである。

だが残念ながら、これは、容易に答えの出ない難問だ。一気に結論にはたどりつけない。ともかく、少しずつ考えることを進めていこう。

食品異物混入事件

たとえば今、日本では急速に「食」の問題に焦点が当たりつつある。きっかけは、カップ麺の「ペヤング」やファストフードの「マクドナルド」における異物混入事件の発生である。その結果、メディア空間において「食のリスク」が「アジェンダ(議題)」になってきた、といえる。これはどういうことか。

一九七二年、マコームズとショーという米国の二人の研究者が、メディアには議題(アジェンダ)設定の機能があることを初めて論じた。彼らは、メディアは社会に対して特定の価値判断を「押しつける」力は意外に弱いが、「この社会において今、議論すべきテーマは何か」ということを規定する力はとても強いことを見いだしたのである。この仮説はその後、非常に多くの事例で実証され、社会科学全般で参照される重要な理論となっている。

さて、いったんアジェンダとなると、そのフレームに合致するトピックスが選択的に報じられるようになる。要するに「今ならニュースになる」ということだ。そうなれば、メディアはどうしても関連する話題を探すようになるし、また一般人からの告発も、増加しやすい。結果として、普段ならば報じられないような事例も掘り起こされ、メディアには特定のジャンルのニュースがあふれることになるわけだ。

「実在の危険」見極める難しさ

特に「食の問題」は、人々の関心が高いテーマなだけに、過去にも何度か報道過熱が起こっている。たとえば二〇〇一年から二〇〇二年に起こった状況は、まさに「食品パニック」と呼びうるものであった。

この時のトリガーになった事件は牛海綿状脳症（BSE）、いわゆる「狂牛病」の日本上陸である。最初は牛肉に関連するリスクが問題となったが、徐々に食全般に対象は拡大し、輸入食材の残留農薬や、各種の産地偽装、無登録農薬の使用など、さまざまな問題が報じられた。だが、そのほぼ全てにおいて、元々存在していた問題がBSEを契機に顕在化したケースだった。

一般にこういう事例が起こると、危険性を強調する「燃料投下型」と過剰報道を批判する「火消し型」の両方の論調が出てくる。今回もすでにその傾向が見えるが、そうなると多くの人々はまたこの状況を「心配すべきか否か」悩むことになる。

だが、まさにこのような現象こそが、リスク社会に典型的な兆候なのだ。そもそも私たちが「本当に危ないかどうか」が分からないのはなぜなのだろう。結局それは、私たちの認識がとても「間接的」だというところに行き着く。いわば、高度に分業化された、この社会の仕組みそのものが原因なのである。

そこにはいつも、二つの壁が立ちはだかる。一つは今回注目した「メディア」であり、もう一つは「専門知」という論点である。いいところで紙面が尽きてしまった。この続きは、また次回。

（二〇一五年一月一五日）

ジャーナリズムと行政

急に下火になった「食の安全」

思えば、前回のこのコラムのテーマは「食」であった。

昨年から頻発したいわゆる「異物混入問題」を題材に、メディアにおけるリスクの扱われ方、そして私たちの社会が注目すべき論点を指し示すメディアの機能、「議題設定（アジェンダ）」について、考えた。あの頃は――と言ってもまだひと月しか経っていないのだが――、確かにメディアには「食の安全」の話題があふれていた。

ショッキングなニュースが入ってきたのは、ちょうどその時だ。中東で発生した日本人拘束事件である。あらゆるメディアが一斉にこの問題を報じた。事件の衝撃度を考えれば当然のことだろう。人質、身代金、テロとの戦い。私たちの社会が少し忘れかけていた、あの陰鬱な言葉が戻ってきた。その後の経過については、ご承知の通りである。この驚愕すべき事件の意味を、私たちの社会は今、さまざまな角度から見つめ直している最中だ。

だが、ふと気づくのだ。「食」のニュースがすっかり下火になっていることに。まさにこれは先月解説したとおり、メディアの議題が切り替わったのである。

実はとても似た現象が以前も起きている。前回のコラムで、二〇〇一年から二〇〇二年にかけて起こった「食品パニック」について取り上げたが、この時の報道ブームは、二〇〇二年九月にいったん「鎮火」する。なぜだろうか。あの秋に、何が起きたか覚えておられる人は多くはないだろう。トリガーになったのは、当時の小泉純一郎首相の電撃的な北朝鮮訪問だ。日本の「不安」のアジェンダは「食」から一気に「安全保障」へと切り替わったのである。

行政とジャーナリズムの違い

だとすると、どうしても気掛かりなのが、切り替わった「後」の、食の問題の「実態」はどうだったのかという点だ。なるほど、安全保障の議論は重要かもしれないが、社会が注目すべき「食のリスク」が、その陰で放置されてしまったならば、それもまた問題だろう。だが、すでに重要な事例の報道は出尽くしていて、いわば惰性で「食」が報じられていたところに、新しいジャンルのニュースが飛び込んできて議題が切り替わっただけならば、特に問題はない、ということになるだろう。

この峻別(しゅんべつ)はとても気になるが、「正解」を得るのは色々な理由から簡単ではない。まずもって、私たちの社会における「重要度」自体が、メディアで取り上げられる量によって測られていることが多いからだ。従って、これをさらに科学的に掘り下げるには、メディアとは独立の尺度を用意し、両者をつきあわせる必要があるだろう。たとえば、食の事件ならば、行政が積算した衛生上の統計と、報道量を比べてみるのも一つのやり方かもしれない。

しかし両者の示す答えが食い違った場合、どちらを優先すべきなのだろうか。当たり前のことだが、行政の統計とジャーナリズムの活動は、目的も立脚基盤も全く異なる。

官庁は、法で定められた行政目的に沿ってデータを集め、公表している。一方ジャーナリズムは、単に事実を報じるために存在しているのではない。それも重要だが、加えて、今この社会が考えるべき問題域を顕在化させ、つまり繰り返し述べているようにアジェンダを設定し、社会的な言論の「舞台(アリーナ)」を作り出す使命を担っている。さらに、民主国家のメディアならば、政府や企業などの権力を監視する機能も、当然ながら不可欠である。

しばしば、客観的な事実を報道すべし、という声を聞く。それはもちろん正しいが、ジャーナリズムの使命の一部でしかないのだ。

「公正中立幻想」の危うさ

同様のことは、行政にも当てはまる。法は単に客観的な事実に基づいて作られているのではなく、本来、あるべき政府、あるべき社会の理念に基づき、その実現に資するように設計されているはずだ。たとえば先ほどの統計であれば、集計された数字自体は客観的事実かもしれないが、どのような統計量をどういう基準で収集するかということに、普通は「客観的な正解」は存在しない。だが行政に対しても、何か模範解答があって、その通りに執行されるべきだ、というような杓子定規な批判を目にすることも最近は多い。

このような考え方は、「公正中立幻想」とでも呼ぶべきものだろう。むろんメディアでも行政でも、公正さや中立性は重要である。しかし、先述のアジェンダ設定がその典型だが、社会的な行為には、原理的に言って、客観的に決められない「変数」が必ず残るものだ。そのような項目についてまでも、公正中立を盾にどこまでも厳密さを求めると、知らないうちに別の大切な価値が損なわれてしまうのではないか。

「社会的な現実」を客観的に捉えることは、誰にとっても容易ではない。だからこそ、その正確さにこだわるのにも節度が求められる。月並みな結論だが、ここでも「ほどほど」が肝要なのだ——というわけで、前回の最後に「次回は専門知に注目」と予告していたが、急な大事件が起こったので、別の機会に改めて。

（二〇一五年二月一九日）

少年犯罪への視線

日々の安全やリスクの問題を扱う「月刊安心新聞」も気づけば五回目になる。

当初は毎月そんなに取り上げるべきテーマがあるだろうかと、少し不安にも思っていたのだが、残念ながら予想は裏切られ、恐ろしいニュースが次々と飛び込んでくる。

先月(二〇一五年二月)は、川崎市で中学生が被害者となる殺人事件が起きた。自然豊かな島根・隠岐諸島の西ノ島から転居してきたという快活な男の子が、むごい殺され方をし、しかも容疑者として地元の少年が逮捕された。ただただやるせない事件である。

そこでは、ネットワーク社会の抱える問題も浮き彫りになった。事件発生から容疑者逮捕までは一週間があったが、「事件の犯人」と名指しされた少年らの写真が、その間にツイッターなどで拡散したのである。しかも、その中には全く無関係の少年や少女も含まれていたという。その後、容疑者が逮捕されると、その自宅とされる場所がネットで動画配信されるという事態も起こった。

さらに『週刊新潮』が、少年の実名と写真を掲載した。これに対して自民党の谷垣禎一幹事長は、少年法を尊重すべきだと批判し、日本弁護士連合会も極めて遺憾との会長声明を出した。新潮側は、事件の残虐性に加え、ネット上に早くから個人の情報が流出していたことも考慮し、掲載した、という。

これらを契機として、プライバシーとネット社会、少年法とメディアの役割など、さまざまな議論が巻き起こっている。そしてそこでは「近年の少年犯罪は由々しき事態に至っている」ということが、当然の前提とされている場合が多いように思う。実際、川崎の事件を受け、与党の一部からは、報道規制の撤廃や対象年齢の引き下げなど、少年法の改正を求める声が上がった。少年犯罪に対する社会的な関心の高さを受けての発言と考えられるだろう。

少年犯罪をめぐる誤解

しかし政府の統計を読み解くと、少年犯罪は長期的には明らかに減少傾向にある。たとえば、終戦後から一九六〇年代後半までは、殺人容疑での少年の検挙者数は年間二〇〇人から三〇〇人以上、年によっては四〇〇人を超えていたが、最近はおおむね五〇人前後を推移している。もともと日本の殺人の検挙率や刑事裁判の有罪率は極めて高く、このデータは犯罪の実態をかなり正確に反映しているといえるだろう。もちろん、少年全体の人口は昔の方が多かった。だがそれを考慮しても、当時の「凶悪犯罪少年」の割合は、現在よりも相当に高いといえる。

また、「最近の少年犯罪は残虐性が高まっている」といった話もよく聞くが、これも事実を知ると納得しにくい。当時の記録をひもとくと、正直、吐き気を催すような猟奇的な少年犯罪が山のように出てくるからだ。そもそも少年に限らず、近年の日本の治安は、凶悪事件の発生件数の推移などを見ると、年々良くなっていると考えるのが妥当だ。

ともかく、量的にも質的にも、少年犯罪は縮小傾向にある。ではなぜ私たちの社会は少年事件を恐れるのだろうか。専門家がさまざまな角度から仮説を提示しているが、ここでは歴史的な視座から問うてみたい。

いつの時代も、社会が大きく変化する際、人々は不安を覚えるものだ。そんな時、「問題」の原因を社会の特定の人たちに求めることは、歴史的にもしばしば見られる現象である。そして原因を「若者」に帰すことも少なくない。

たとえば一九世紀、普仏戦争に敗北したフランスでは、その原因を「青年の身体・精神の弱体化」に求める声が強まった。当然ながら、戦争の勝敗は色々な要因が影響し、話は単純ではない。だが、若き日のクーベルタン男爵は、そんな時代の「空気」を胸に刻み、後に近代オリンピックを構想したというから、歴史の因果は不思議なものだ。

揺らぐ「子供」という概念

もう一つ指摘したいのは、私たちの社会がどうも「子供を子供扱いすること」をやめたがっているように見える、という点だ。

中世の欧州社会を研究した歴史家アリエスが明らかにしたように、中世には現代のような「子供」という概念はなく、コミュニケーションがとれるようになる七、八歳以降は、単に「小さい大人」として扱っていたという。現代のように保護・教育の対象としての「子供」が発見されたのは、おおむね一七世紀のことなのである。

近代は、客観的な事実に基づいて理性的に考えることを是とするところに、一つの特徴がある。だが私たちの社会は、統計的なデータよりも主観的な実感を優先し、また近代に花開いた「子供」という概念も捨てさろうとしているのかもしれない。だとすれば、私たちはある意味で、徐々に「中世」に戻ろうとしているのかもしれない。実は「中世化の兆し」は他にも色々と指摘されており、この社会のさまざまな変容とも関係しているように思われるのだが、詳しくはまた別の機会としたい。

悲劇を繰り返さないための社会全体の努力は重要だ。だが同時に、自らの「正義感」の根元にある情動を、冷静に見つめる態度を持つことも、また大切にしたいと思うのだ。近代を卒業するのは、まだ、早い。

（二〇一五年三月一九日）

老朽インフラ劣化の危機

近頃、どうも「インフラの不調」が目立つ。先日(二〇一五年四月一二日)も、首都圏のＪＲが大いに混乱する支柱倒壊事故があったが、私たちが当然のように依存している社会資本が突然、機能不全に陥ることが増えていないだろうか。

思い返してみれば、十数年前に起きた、山陽新幹線のトンネルでのコンクリート落下事故は、最初の兆しだったのかもしれない。最近では、中央自動車道笹子トンネルで天井板落下事故が起こり、多くの犠牲者が出たことは記憶に新しい。この種の事故の原因は大きく、「施工時の問題」と「メンテナンス・運用の失敗」に分かれる。今のところ、今回の支柱倒壊は後者の要素が強いように思われるが、二つのトンネル事故のように、施工時に内在していたと考えられる不備が、経年劣化で拡大し、事故へとつながるケースも多い。

今や、高度成長期からおよそ五〇年が経過し、寿命を迎える社会資本が増えているが、専門家の一部は早くからそのリスクについて警鐘を鳴らしてきた。たとえば故・小林一輔東大名誉教授は、著書『コンクリートが危ない』(岩波新書、一九九九年)で、山陽新幹線のコンクリートの危険性を、落下事故が起きる以前に警告している。まさに慧眼である。同書では、高度成長期にしばしば使われた質の悪いコンクリートは、当初の設計寿命よりも早く劣化し、二〇〇五年~二〇一〇年にかけて多くの構造物が壊れ始めるのではないかと予想している。すでにその「期限」は過ぎた。今後、日本でいかなることが起こるのだろう。これを知るには、一足先に社会資本投資のブームを経験した、米国の状況が参考になるかもしれない。

メリハリある計画をどうやって実現するか

一九二九年の「暗黒の木曜日」を契機として、米国は大恐慌に陥るが、フランクリン・ルーズベルト大統領のリーダーシップのもと、テネシー川流域開発公社(TVA)に代表される「ニューディール政策」が実施される。これにより有名な「ダム」だけでなく、道路や橋も大量に造られた。だが、その時代の社会インフラが、一九八〇年代ごろから次々と寿命を迎えていったのである。その結果、実際に橋が落ち、高速道路が壊れるといったことが頻発し、大きな社会問題となった。

日本でも、トンネルのみならず、橋や水道管、建築物など、さまざまなものの劣化が進んでいる。すでに、突然、信号機が折れたり、看板が落下して通行人が被害を受けたりするケースなどが増えている。高度成長期に急増した社会資本が、逆に私たちの社会を今、脅かしつつあるのだ。

むろん、メンテナンスの態勢を強化するのは解決策の一つだろう。だがそれは、費用も莫大になる。

ある試算によれば、今後五〇年間に日本の社会インフラを更新するために必要な予算は、総額三三〇兆円にものぼるという。現政権は、以前に比べて公共投資を増やす姿勢を明確にしているが、周知の通り、日本は世界史的に例を見ないほどの、急速な高齢化と人口減少の社会に突入しており、財政赤字は危険水位に近いところにまで膨れあがっている。

従って、このインフラ整備のことだけを考えても、今まで通りの暮らしをそのまま維持することはできそうにない。もし、適切な方向転換ができずに、メリハリの無い社会投資が続いたならば、いずれ更新に手が回らなくなり、散発的に橋が落ち、水道管が破裂し、あるいは中程度の地震でも公共施設が崩壊するといった悲劇も、起こるかもしれない。

しかし最大のネックは、「具体的に、どのように国の形を変えるのかを、誰がどうやって計画するのか」であろう。総論賛成・各論反対が直ちに予想されるこの難問に、正解がすぐ用意できるわけもない。ただ少なくとも、専門家に丸投げできる類いのものではないし、また、従来のように、地域の代表が議会で話し合うだけでは、解決は難しいだろう。

専門知と民主的決定の「組み合わせ方」

この困難な事態に対して私たちは、前述のいずれでもない、新しい方法を考える必要があるのではないか。その一つの鍵は、専門的な知識と、民主的な決定の、「組み合わせ方」について、新しいアイデアを導入することではないかと思うのだ。

少々分かりにくいので、ここは丁寧に説明しておきたい。

そもそも、あらゆる専門家というものは、外部からの問いに対して、なんらかの前提のもとで、専門知を活用して結論を出す役割を担っている。問題は、その「前提」が、結論の内容にどう影響しているのかが、素人からは非常に見えにくい、という点である。たとえば、そこにもしなんらかの恣意的な影響があったとしても、「専門家の結論」とされれば、一定の権威を持ってしまうことも多いだろう。特に人々の意見が割れるようなテーマでは、そういう「前提の中身」が問題になることも予想される。

従って、「未来の社会インフラをどうするか」といった、高度に政治的な課題については、一見、専門的な体裁を備えた結論であっても、それがどんな前提に基づいて導出されたものなのか、一度、丁寧に腑分けしてみる必要があるはずだ。では誰がそれを実行すべきだろうか。それは、十分な専門知を持ちながら、しかし異なる前提で議論ができる、「独立した専門家」であるはずだ。ちょうど医療におけるセカンドオピニオンを思い出すとよい。そのような人材を、各専門分野に育てることができれば、私たちの社会の抱えるかなりの問題は解決に近づくのではないか。私はそんな夢を描いている。

(二〇一五年四月一七日)

バンコク爆破テロとリスク社会

（二〇一五年八月）一七日、バンコク中心部のエラワン廟前で、爆弾テロが起きた。二〇人が死亡、邦人を含む一〇〇人を超す市民が負傷する大惨事となった。実は筆者もこの廟を訪れたことがあるので、本当に驚いた。ここは一九五六年に、ホテル建設の安全祈願として設けられた施設であり、タイの他の宗教的施設に比べれば、さほど歴史があるわけではない。だが、線香の煙が充満するなか、タイの民族舞踊も演じられるなど、観光客がいつも溢れている人気スポットである。言ってみれば、銀座の一角に「ビリケン像」があって外国人観光客に人気、という感じだろうか。

そんなところでＴＮＴ火薬三キロが炸裂した。明らかに無差別の殺傷を狙っている。かつてのタイではあり得ない、非常に恐ろしい事件である。

一九日現在、犯人像は絞られていないが、タイ南部の分離独立派や、軍政への不満分子、また中国に強制送還されたウイグル族の報復説など、さまざまな可能性が取りざたされている[1]。いずれにせよ、テロリストは社会に恐怖感を与えることによって自らを誇示し、暴力によって主張を通そうとする反社会的存在である。いかなる理由があろうと許されるものではない。

しかし同時に、近年のテロの多発は、本コラムでも何度か言及している「リスク社会化」の進展とも関係していると考えられるのだ。今回はこの点について少し考えてみたい。

リスク社会の特徴

リスク社会が到来する背景については、いくつか指摘がなされているが、一つの重要な条件は「ある水準の豊かさが社会に浸透すること」と考えられる。物質的な豊かさや、福祉などの制度が一定程度、充実してくると、人々は新たな価値を手に入れるよりも、すでに持っている価値を手放したくないと思うようになるだろう。そうなれば社会は全体として、それまでよりもリスクに敏感になる。その結果、社会の関心がリスクに集まり、リスク社会の段階に入っていく、といわれている。

一方、テロは、心理的なダメージこそが本質的である。実際の被害が限定的であっても、自分や家族、仲間が巻き込まれるかもしれない、という不安を拡大させることさえできれば、テロリストの目的は達成されたことになる。この際、対象となる社会のメンバーの多くが、「失いたくない」と思うような価値を多く持っていればいるほど、より容易にテロリストは「果実」を得ることができるだろう。リスク社会はテロに対して、脆弱なのである。

リスク社会のもう一つの特徴として、「空間的、時間的、また社会的な区分が崩れていく」という性格が指摘されている。たとえば、かつての戦争であれば、いつ戦闘が始まり、終わったのか、また敵や味方は誰で、最終的にどちらが勝ったのか、といったことは比較的明瞭に区別できていた。東西冷戦期において想定された戦争のモデルは、そのようなものである。二〇世紀は、核戦争に対する人類の恐怖は大きかったものの、安全保障上の脅威の形式としては単純であったのだ。

しかし現代においては、いつ終わるとも知れぬ散発的な紛争が、さまざまな場所で続くというケースが増えている。戦闘領域は揺れ動き、明確な安全地帯は容易には見つからない。また戦争と犯罪の区別も、自明でなくなってきている。

安全保障の新たな課題

さらに、後期近代と言われる現代においては、グローバル化の影響も大きい。世界中のヒトやモノが分かちがたく結びつくようになり、普通の市民も、かつてなら関係なかった遠い国の情勢を、無視できなくなっている。そして、そのような遠方のリスク情報が、世界的なネットワークによって瞬時に共有される。今回のバンコクでのテロが、世界中の色々な立場の人々の心に、暗い影を落としているのは、そのような背景もあるだろう。グローバル化の進展は、好ましいものだけではなく、テロのようなリスクの類いも、世界中に拡散させてしまうのだ。

加えて、リスク社会に至るほどの「豊かさ」を達成できた社会の市民は、民主的な価値を求める傾向もまた強まるので、この点でもテロリストには好都合なのである。なぜなら市民社会的な規範は、

「市民の顔をしたテロリスト」に対しても適用され、摘発が遅れるからだ。二〇〇一年に、世界で最も自由な国の一つであった米国において、同時多発テロ事件が起こったのは、まさにその典型例であろう。皮肉なことに、全体主義的傾向を持つ国の方が、人権よりも治安が優先されるため、一般にテロは起こりにくいとされるのだ。

以上のように、後期近代のリスク社会的状況は、テロリズムと親和性が高い。かつての途上国も、猛烈な勢いで経済発展を遂げているが、まもなくこれらの国々もリスク社会化していくことだろう。このバンコクでの大規模テロもマクロに見れば、タイが先進国に、より接近してきたことの証左なのかもしれない。

このような現代においては、今後の安全保障上の中心的課題は、テロ対策へとさらに重心を移していくことになるだろう。私たちは、従来の冷戦期的な思考を払拭(ふっしょく)し、リスク社会化した、また成熟した民主的社会における、安全保障の新たな枠組みを捉え直す必要があるのではないだろうか。二〇世紀の戦争をイメージするだけでは、もはや安全保障を議論できない時代に入っていることが、今回の事件を通じて改めて示唆されたといえるだろう。

(二〇一五年八月二一日)

パリ同時テロの衝撃

とてつもないテロが起こった。

楽しいはずの週末の夜、クールなコンサートホール「バタクラン」に集まった若者たちが、文字通り「虐殺」されたのである。（二〇一五年一一月）一三日、パリで起こった同時多発テロで最大の犠牲者が出たこの現場では、二〇一四年、「きゃりーぱみゅぱみゅ」のライブも行われている。自分の身の上に何が起こっているのかも分からないままに命を奪われた、彼ら、彼女らの無念や絶望を思うと、本当に言葉が紡げなくなる。こうやって自分が東京で、ありふれた日常を送っていることすらも、何かとても不謹慎なことに思えてくる。正義、信頼、常識といった言葉そのものが、なんだかすかすかの、書き割りのように感じられるのだ。

だがそれも、テロリストの目論み（もくろ）の一部かもしれない。事態は時々刻々と動いており、またさまざまなメディアが事件のその後を伝えている。いや、事件は今も継続中であり、私たちは何が起きているのか全貌（ぜんぼう）を理解できていないのだ。その意味で、「バタクラン」で悲劇に見舞われた観客たちと、私たちは地続きだ。そんな時に議論できることは限られているが、私たちの日常的な「安心」を脅かすこと自体を狙っているのが「テロリズム」である以上、本連載で扱わないわけにはいかない。

結論を先取るならば、おそらくこのような時に最も大切な態度は「冷静さを失わない」ということではないか。これはとても平凡なことだが、実行するのは難しい。では、具体的に極東の島国に住まう私たちになしうることは何だろう。それは、できるだけ視野を拡大し、脊髄反射的な反応を慎み、可能な限り思慮を深め、世界がどこへ向かっているのか、まずは見定めてみようと構えること、ではないか。

テロとは何か

「テロ」という言葉は奇しくもフランスに起源がある。一七八九年に起きたフランス革命は、混乱の中、ロベスピエールら「ジャコバン派(山岳派)」の独裁へと至り、ここにいわゆる「恐怖政治」が始まる。その一年あまりの間に、ジャコバン派は政敵を次々と粛清していったが、徐々にその対象は一般市民にも拡大、この時期にフランス全土で二万人もの人々が処刑された。まさに血で血を洗う革命のなかで生じた、この「恐怖政治=Terreur」こそが、「テロ」の語源となったのである。実際、一七九四年に起こった政変でジャコバン派が失脚すると、彼らは「テロリスト」として逮捕・投獄され、多くは処刑された。

このように、「テロ」という言葉が生まれたのは一八世紀のフランスであるが、同種の事件は、人類の歴史において繰り返されてきた。手元の年表を開けば、暗殺された政治家の名が数多く見つかるだろう。腹心のブルータスに殺されたシーザーや、鎌倉の鶴岡八幡宮で甥に暗殺された源実朝、本能寺で襲われた織田信長なども要人テロの犠牲者と呼びうるかもしれない。

もっとも現代では、もう少し限定的な意味でこの言葉を使うことが多い。すなわち、「不特定多数をターゲットとする暴力により、一般市民に恐怖を拡散させ、政治的目的を達成しようとする行為」である。だが実は、「九・一一テロ」以降、テロの研究が盛んになったものの、出発点となる言葉の定義すら、まだ学術的に一致を見ていない。テロを客観的に把握するのは難しいようだ。

そもそも、規模のことを別にすれば、テロリストの行為自体は一般の犯罪と大差はない。「金品欲しさの強盗」などとテロとの最大の違いは、その動機にこそある。一般の犯罪者は、個人的な利益のために罪を犯す。自分の行為が犯罪であると自覚しているがゆえに、隠蔽や逃亡を企てる。だがテロリストは逆で、自らの行為を犯罪と考えていないので、仮に逃亡しても犯行を顕示しようとする。それは、そのおぞましい行為すらも、英雄的と捉える人々が一定程度存在するはずだと、テロリスト自身が期待しているからにほかならない。

今求められるもの

厄介なのは、歴史を読むと、時々判断に迷う事例が見つかってしまうことだ。多数の市民を虐殺した今回のテロと同列に議論するつもりは毛頭ないが、たとえば有名な「新撰組」は、守旧派の「白色テロ組織」であったという見方ができる。だがそれも明治政府から見た描像（びょうぞう）であって、徳川政権から見れば、治安のために新設した特殊部隊であったはずだ。

言うまでもなく、テロリズムに対する過度な相対化は危険だ。テロリストの身勝手な暴力はどんな理由があろうが正当化できない。だが「単なる犯罪」ともやはり違う。ここが非常にセンシティブで、難しい。

いずれにせよ、今の私たちが最も警戒すべきは、テロリストの挑発に乗って、この社会の大切な価値を放棄するような選択を、私たち自身がしてしまうことではないか。

直観的には、今回の出来事は「九・一一テロ」に匹敵する影響を及ぼしうると思う。二〇世紀初頭、サラエボでの銃声が世界史を塗り替えたように、テロは歴史の流れを大きく変えることがある。だが同時に、それは宿命ではないということも、強調しておく必要があるだろう。

フランス革命を経て私たちが手に入れた近代的な価値が、同時に生まれた「テロ」によって損なわれようとしているとすれば、歴史の皮肉である。近代を成立させている基本条件を点検して足場を固めながら、慎重かつ大胆にテロと対峙（たいじ）することが今、求められるのではないか。

（二〇一五年一一月二〇日）

「プロのモラル」

師走も半ばを過ぎた。今年(二〇一五年)を振り返りながら改めて思うのは、「プロのモラル」に関わる事件が多かったということである。

杭工事のデータ偽装は典型例だろう。これは「三井不動産レジデンシャル」の販売した横浜のマンションで、一部傾いていることが明らかになったのが発端だ。原因を調査したところ、杭が適切な深さまで届いておらず、また杭の位置を確認するためのデータも偽造されていたことが判明した。さらに当初問題となった「旭化成建材」以外の業者でも、同様の不正があったことが報じられ、業界団体も対策に乗り出したが、問題の全貌はまだはっきりしない。

むろん、偽装に手を染めたのは一部の担当者かもしれない。またデータ偽装があったからといって、その杭の安全性に必ず問題があるわけではない。しかしそのような行為は、企業ブランドを大きく傷つけ、また業界全体に対する不信を招きかねない、重大な裏切りである。

また「東洋ゴム工業」は、三月に建築物の免震ゴムで、また一〇月には鉄道や船舶などに使う防振ゴムで、それぞれ性能の偽装を行っていたことが発覚した。これらも、安全性に直接つながるレベルの不正ではないようだが、二度も顧客を欺いた、許し難い行為であろう。

今年は他にも、四〇年以上にもわたって組織的に行政の目を欺いてきた「化学及(および)血清療法研究所(化血研)」の不正や、「東芝」の不正会計など、類似する事例が多数、報じられた。これらに共通するのは、なんらかの専門性をもって社会に対して仕事を請け負っていた者が、主として経済的利益を増やすために、信頼に背く行為を行っていた、という点である。私たちは、このような「プロの裏切り」に対して、どう対処すべきなのか。すぐに聞こえてくるのは罰則や監視の強化を求める声だが、ここでは少し違う角度から考えてみたい。まず、専門家のモラルとは、どのように維持されてきたのか、歴史的な流れを確認しておこう。

オルテガの警告

日本語でいう「プロ」とは「プロフェッショナル」の略語だが、この言葉は神からの召喚に対し、「その仕事を引き受けます」と「公言(=profession)」することに、由来する。これは元々、キリスト教世界において、特別に神から召喚されて就くべき仕事、すなわち、聖職者、医師、法曹家の三つを指していた。そこでは専門的な訓練とともに、職に伴う倫理が求められたのは言うまでもない。そして、それを担保するのは、個人の自律もあっただろうが、同業者の相互チェックも重要な意味を持っていたと考えられる。自分たちの仕事のいわば「品質保証」は、職能共同体による自治によって担われてきたのだ。

この点は伝統的な「職人」の世界も似ている。欧州の職人は、主に徒弟制度によって教育を受け、ギルド的な仕組みの中で、職業的な倫理も保たれてきたといえる。そこは日本も似ているだろう。また倫理を下支えするのは、技に対するプライドというべきものであったはずだ。

だが近代に入ると、さまざまな仕事が社会的分業によって行われるようになっていく。これはまさに、「専門家＝エキスパート」と呼ばれる人たちの増大を意味するのだ。典型例は「科学者」であろう。奇矯な貴族の好奇心に基づく営みから離れ、職業としての科学者が出現してきたのは、一九世紀の欧州である。

このようにして、多数の専門家によって社会が運営されるようになってくると、伝統的な職能共同体に属する「プロ」や「職人」の倫理は、社会の背景へと退いていく。このような社会構造の変容に対して、最も早く警告を発した者の一人に、スペインの哲学者、オルテガがいる。彼は、大衆社会の出現とは、誰もが専門家となり、しかし自分の専門以外には関心を持たない、「慢心した坊ちゃん」の集まりになることだと看破した。そうやって「総合的教養」を失っていくヨーロッパ人を彼は「野蛮」と嘆いたのだ。

プライドと教養の復権を

今、日本で起こっていることは、そのさらに先を行くものにも見える。素人には分からない狭く閉ざされた領域に住む「専門家」が、いつの間にか社会全体の規範から逸脱し、結局は自己利益の増大、あるいは自己保身のために、社会を欺く。この事態は実に深刻だ。

とはいえ、この状況はいずれ、世界中を悩ます共通の難問となるかもしれない。なぜなら近代の重要な本質が「分業」である以上、この世界は専門分化によってどこまでも分断されていく運命にあるからだ。世界を驚かせた「フォルクスワーゲン」の大スキャンダル(1)は、この悲観的予測の、一つの根拠になるだろう。

ならば、この流れに抗う方法はあるのだろうか。

おそらく鍵となるのは、かつての「プロ」や「職人」が持っていた「プライド」と、失われた「教養」であると考えられる。すなわち、「目先の利益」や「大人の事情」よりも、自らの仕事に対する誇りを優先させることができるか、そして自分の専門以外の事柄に対する判断力の基礎となる「生きた教養」を再構築できるかどうか、ではないか。

そのために私たちにもすぐできることがある。それは利害関係を超えた「他者」に関心を持つこと、そして、その他者の良き仕事ぶりを見つけたら、素直に敬意を表明することだ。人は理解され、尊敬されて初めて、誇りを持てる。抜本的解決は容易ではないが、できれば罰則や監視ではなく、知性と尊敬によって世界を変えていきたい。

(二〇一五年一二月一八日)

相模原障害者施設殺傷事件から考える

相模原市の「津久井やまゆり園」で二〇一六年七月二六日に発生した惨劇により、列島全体は鉛のように重苦しい空気で覆われた。命を奪われた一九人の方に深く、哀悼の意を表したい。リオデジャネイロ・オリンピックも始まり、少しこの事件のことを忘れかけている人もいるかもしれない。しかし、いまだに私たちの心の奥には、犯人への怒りや憎しみとともに、複雑かつ不快な感情がまとわりついているようにも思う。

あえてその感情を言葉にしてみると、「優生思想の亡霊」に不意に出くわしたことへの、驚きと不安、といえるのではないか。だが問題は、それが本当に過去の亡霊なのかということだ。ここでは、この思想の出自を探りながら、不快な「胸のつかえ」と向き合うことを試みたい。

報道によれば、容疑者は「ヒトラーの思想が降りてきた」と話しているという。これはナチス政権下で行われた「安楽死」政策、いわゆる「T4作戦」のことを指しているのかもしれない。第二次大戦が始まるとヒトラーは、施設で暮らす障害児や、精神科に入院する患者など、最低でも七万人、一説には十数万人を殺害するよう、非公式の命令を出したという。ナチスの行為はまさに悪魔の所業である。しかし歴史的には、そのような優生学的な政策はナチスに限ったものではない。

優生思想の歴史

そもそも優生思想とは、遺伝学的に「劣等」な者を減らし、「優秀」な子孫を増やすことにより、民族全体としての健康を向上させようとする考え方のことである。そのルーツは英国の科学者ゴルトンにあるとされる。彼は「進化論」で有名なダーウィンのいとこにあたるが、人間のさまざまな量を測定して統計的に検討するうちに、家畜の品種改良と同様のことが、人類に対しても可能ではないかと夢想するようになった。彼は積極的に自説を宣伝し、知識人を中心に賛同者が増え、優生思想は広がりを見せていく。

優生思想を実践する方法としては不妊手術と中絶がある。実は、本人の同意がない強制的な不妊手術が広く実施されたのは、米国が最初であった。一九〇七年にインディアナ州で断種法が可決されたのを皮切りに、一九三一年までに三〇州で法案が成立し、精神障害者などに対して、一万二〇〇〇件以上の不妊手術が行われた。ヒトラー政権は、米国の政策を取り入れ、さらに「徹底」させたものともいえるのだ。

では日本はどうだったのか。一九四〇年、ナチスの「遺伝病子孫予防法」(一九三三年)をベースに、「国民優生法」が制定された。同法は、「悪質なる遺伝性疾患の素質を有する者」に対する不妊手術を促していた。だがすでに時代は「産めよ殖やせよ」となっており、実際には強制的な不妊手術は行われなかったという。

日本で優生思想が広がったのは、むしろ戦後のことである。「優生保護法」は一九四八年に成立したが、遺伝性疾患のほかに「癩(らい)疾患(ハンセン病)」が不妊手術の対象に加わり、後に「精神病」等も追加され、適用範囲は戦前よりも拡大した。また、優生学的理由による中絶も可能となった。驚くべきことに、この法律は一九九六年に「母体保護法」に改正されるまで有効であり続け、その間、強制的に行われた不妊手術は、一万六〇〇〇件以上にのぼる。

実はスウェーデンでも、一九三四年から一九七五年までの間、強制的な不妊手術が行われていた。一九九七年にそのことが明らかになると大きなスキャンダルになり、被害者への補償措置がとられるに至っている。日本社会の反応とは、大きな温度差があったと言わざるを得ない。

地続きの不安

当然ながら、ナチスのように強制的に障害者を「安楽死」させることと、子孫を持たせないように不妊や中絶の手術を施すことは、レベルが全く異なる。しかしそれでも、両者は、「共同体の負担を減らしたい」という意図に基づくという点で、共通する。そしてこの問題は、現在の私たちの社会においても、形を変えて存続しているのではないか。

たとえば、出産の前に染色体疾患を見つける技術がある。最近では、母親の血液だけで検査できる、いわゆる「新型出生前診断」が登場し、過去三年間で三万人以上が受診した。「陽性」と判定され、その後の確定診断でも異常が認められた人のほとんどが中絶を選択しているという。むろんこれは当事者の自由意思に基づくものであり、カウンセリングなどのサポート体制も整備されている。どの親も、まさに苦渋に満ちた決断をしたに違いない。だがそれでも、「共同体の負担を減らすために、結局この社会は命の選別を許しているのではないか」と問われたならば、きっと私たちの誰もが、慄然(りつぜん)とさせられるはずだ。

議論が飛躍し過ぎていると思われるかもしれない。確かに、「やまゆり園」での事件は、凶悪犯罪の個別事例と見なすこともできるだろう。しかし、私たちの社会は、知らず知らずのうちに、そのような他者の存在を根本から否定する考え方と、地続きになってはいないか。もし私たちの社会が、老いも幼きも、また病やけがを抱えていても、全て「同じ船」のメンバーとして、未来へともに連れて行くと、メンバーの誰もが確信できるような共同体であったなら、同じ事件が起きただろうか。

いかに健康な人であっても、いつ障害を抱えるかは分からない。誰もが直面しうる問題は、社会全体で分かち合うのが、二一世紀の市民の常識であるはずだ。

この社会が存立する基盤を、もう一度見つめ直したい。

（二〇一六年八月一九日）

映画『シン・ゴジラ』を観て

映画『シン・ゴジラ』がすごい。今月(二〇一六年九月)上旬の時点で動員数は四二〇万人を超えた。すでに一九九二年の『ゴジラvsモスラ』を抜いて、平成以降のシリーズでは最も多くの観客を集めたことになる。私自身、家族で大いに楽しんだ。

本邦作のゴジラとしては一二年ぶり、また一世を風靡(ふうび)したアニメ「新世紀エヴァンゲリオン」の庵野秀明氏が総監督を務めたこともあって、封切り前から注目を集めていた。あくまで「怪獣映画」である本作品が老若男女の幅広い支持を得たことは、驚くべきことだ。その背景には何があるのだろう。今月の本コラムは、少し肩の力を抜きつつ、この興味深い映画について考えてみたい。

実は今、作品だけでなく、「シン・ゴジラを読み解くこと」がちょっとしたブームになっている。さまざまな角度から光を当てることができる作品は、文学としての質が高いと考えられる。だが同時に、この映画自体が、現代的なメディアシステムの中で人々に複雑に解釈されながら消費されていく運命にあることを、制作サイドが最初から強く意識していた結果とも考えられる。

以下、若干「ネタバレ」になるのをお許しいただきたい。たとえば、冒頭で失踪した学者が船に残していった宮澤賢治の『春と修羅』、またゴジラを研究する途中で現れる「折り紙の鶴」、さらにはラストのゴジラの尾にうごめく「人影」など、謎解きの手がかりがストーリーの随所にちりばめられている。

これは、まさに「エヴァンゲリオン」がそうであったように、アニメなどの世界ではすでに一般的な楽しみ方であるが、『シン・ゴジラ』では、とりわけ意図的・戦略的に埋め込まれているようにも思われた。

新しい災厄の象徴

だが一方で、そのような現代的な「作法」に回収し得ない、重い主題が根底にあるのも、この映画の特徴だ。それは東日本大震災である。実際、大震災直後に私たちが目の当たりにした惨状や混乱を、強く想起させるシーンが、何度も物語に登場する。非常にリアルなので、観客に過度の精神的ストレスがかからないかと、少し心配になったほどだ。

全体として、一九五四年版が強く意識され、ある種の原点回帰が図られていること、またゴジラと対峙する国家システムの迷走が濃厚に描写されていることも、「三・一一」がモチーフであることを示唆する。

初代ゴジラが作られた一九五四年は、各地の大空襲や原子爆弾の攻撃により、国土が焦土となったあの戦争から九年しか経っておらず、さらに南太平洋の水爆実験で被曝(ひばく)した第五福竜丸の悲劇がリアルタイムで重なっていた。すでに起きた国家的破局と、近未来に起こりかねないと憂慮されていた核戦争を、人々は「白熱光」を吐き暴れまわるゴジラの姿の中に幻視したのである。

そのように、かつては戦争に伴う暴力や悲劇を象徴していたゴジラは、今や地震・津波・原発事故の化身として、二一世紀のスクリーンに再臨した。『シン・ゴジラ』成功の最大の要因は、皮肉なことだが、現代日本の状況が第二次大戦後と似ていること、それ自体なのだ。

日本の宿命へのアイロニー

だが、そう考えながら、二〇一六年版を一九五四年版と比較すると、重要な要素が見当たらないことにまず気づかされる。それは、初代ゴジラには描かれていた、芹沢という科学者の文明批判的な苦悩である。

彼はひそかに、ゴジラを倒すこともできる特殊な技術を開発していた。しかしその存在が明らかになれば、兵器として使おうとする者が出てくるとも見抜いていた。だから、たとえゴジラを倒すためでも、その技術を使うことをかたくなに拒む。これ自身が原子力を連想させる挿話だが、最終的に彼は周囲の説得に屈し、ゴジラを倒すことに同意する。

しかし同時に彼は、自らの命も犠牲にしてしまうのだ。そこには、自分の発明した危険な科学技術に関する知識も、ゴジラと一緒に葬り去らねばならないという、強い自責の念が表現されているように見える。あるいは、当時の「戦中派」の人たちの複雑な感情を、彼に代弁させていたのかもしれない。

翻って二〇一六年版では、主に政府の若手スタッフたちのチームワークによって、最終的にゴジラは「凍結」される。そのプロセスでは、一貫して政治の無能と行政の有能が強調され、またヒーローを必要としない日本型組織の有効性が、ある種の「美談」として描かれている。逆に、初代ゴジラに見られたような、ゴジラを生み出した私たちの文明のありように対する、疑念や苦悩は、明示的にはほとんど表現されていない。

各種の感想を読むと、この映画の後半の描かれ方に「日本の未来への希望」を見いだしている例が少なくないようだ。フランスの批評家ロラン・バルトが主張したように、今やテクストの解釈は作者に独占されるものではないから、そのようにこの作品を読むのも自由であろう。

ただ私には、映画の冒頭で姿を消した牧という学者が、一九五四年版の芹沢のちょうどネガに相当するようにも思われた。芹沢のきまじめさは、牧においては痛烈なニヒリズムに反転している。「好きにしろ」という彼の「遺言」は、ラストシーンで示される、ゴジラを管理し続けるという宿命を背負った日本の未来を、まるであざ笑うかのようだ。そうやって、この作品に込められたアイロニーに気づくと、名状しがたい不安が襲ってくる。これは案外、厄介な作品なのかもしれない。

（二〇一六年九月一六日）

高齢ドライバーの事故

最近、自動車事故に関する報道をよく目にする。特に高齢のドライバーが起こした事故のニュースへの関心は高く、すでに大きな社会問題として捉えられている感がある。

報道の推移を見ると、契機になったのは、（二〇一六年）一〇月末に起きた横浜での事故であろう。登校途中の小学生たちを八七歳の男性が運転する車がはね、小学一年生の男の子が死亡、児童を含む六人が重軽傷を負った[1]。悲惨な事件の衝撃は非常に大きかった。

加えて、誰もが個人的な経験として、高齢者の運転に不安を感じているというのも、この問題が注目を集めている原因ではないか。人間誰しも齢（よわい）を重ねれば身体能力が衰え、とっさの判断のミスや遅れが出やすい。認知症により認知機能が衰えることもある。社会全体の高齢化が進むなか、問題の拡大を人々は懸念しているのだろう。

一方で日本には、公共交通機関が不足しているため、自動車がないと著しく生活に困難をきたす地域も少なくない。また自分で移動できる手段が確保されることは、高齢者の精神衛生や幸福感に良い影響を与えるのも確かだろう。特に現在の高齢者は、自動車が大衆化し、誰もがマイカーで移動できるという楽しさを最初に享受した世代だ。たとえば免許更新の頻度を増やすなど、対策は必要だろうが、権利を制限される側への配慮も忘れてはならない。

　このように、高齢ドライバー問題に対してはさまざまな論点があり、簡単に「正解」は見つからない。しかしだからこそ、議論の前提となる客観的な事実について私たちは共有しておくことも重要だろう。実は交通事故については、精密な統計が政府から毎年発表されており、インターネットで誰でも見ることができる。そこから読み取れることは多々あるが、一部を紹介しよう。

統計と報道イメージとの落差

　そもそも、自動車事故による死者は過去二十数年にわたって、ほぼ毎年減り続けている。また過去最多は一九七〇年であり、一万七〇〇〇人近い犠牲者が出ていた。昨年(二〇一五年)は、四一一七人であり、まだまだ多いとはいえ、ピークの四分の一にまで減少したことは確認しておきたい。

　だが六五歳以上の高齢者について見れば、その減り方は鈍く、犠牲者に占める割合は増えている。昨年の交通事故死亡者のうち高齢者は五四・六%であり、過去最高を記録した。これは、高齢者が人身事故に遭った際に死に至るリスクが、全世代平均の六倍にもなることも影響しているだろう。しかも犠牲者の約半分は歩行中に事故に遭っている。

　最近の報道では、「加害者としての高齢者」が強調される傾向が強いが、現実のデータを見ると、依然として被害者としての高齢者が多いことが分かるだろう。とはいえ「高齢ドライバーによる事故は増えているのでは」と思われた方も多いのではないか。この点についても調べてみると、少し意外な姿が見えてくる。

統計の一つに、「原付以上運転者(第一当事者)の年齢層別免許保有者一〇万人当たり死亡事故件数の推移」という表がある。この「第一当事者」とは、当該事故において最も過失が重い者を指しており、それぞれの年齢層における、事故の起こしやすさの違いがこの表から読み取れるのだ。

さて、年齢層別で比較すると、最も死亡事故の率が高いのは、一六歳から二四歳の若者である。二〇一五年は、全世代平均が一〇万人あたり約四・四件なのに対し、若者は七・六件だ。一方、六五歳以上の高齢者は五・八件で、平均よりは上だが最も高いわけではない。また高齢者も含め、一〇万人あたり事故件数はおおむね減少傾向にある。

従って、高齢者の事故が目立っている理由としては、おそらく高齢者全体の人数が増えていることの効果が大きく、高齢者層はやや事故を起こしやすい傾向があるものの、他の年齢層と比べて著しく運転が危険であるとまではいえないだろう。

もっとも、年齢階層を細かく見ていくと、八〇〜八四歳では一一・五件、八五歳以上は一八・二件と大きくなる。ただし一六〜一九歳は一四・四件と、こちらも無視できない。また事故の実数でいえば、四〇〜四四歳の世代が最も多くの死亡事故を起こしており、八五歳以上全体の三倍を超えている。

別の角度からの再点検も必要

以上のように、報道によってイメージされるリスクと、統計的な数値は、若干の乖離(かいり)があるように思われる。ではなぜその差が生じたのだろうか。

実は本コラムでは以前も、食品事件の報道を題材に同様の議論をしたことがあるが、メディアには議題設定機能(アジェンダ)というものがあり、「今どんなことが問題か」を指し示す役割がある。そしていったん、社会的なアジェンダになると、普段ならば優先順位が低いニュースでも、積極的に報じられるようになる。今回も、痛ましい事故が起こったことにより、アジェンダが「高齢ドライバー」に設定され、それに適合する報道が増えたと推測できるのだ。

ジャーナリズムは、社会問題を議論する場を担う役割もあるし、高齢者が関わる事故が増えていることは事実だ。冒頭で挙げた事件など、悲惨な事故が続いているのも確かである。従って今後も、さまざまな安全対策を講じることは当然、重要である。ただ同時に私たちは、時々立ち止まって、別の角度から自らの思考を点検することも忘れるべきではないだろう。理性と感情のバランスをとり、社会全体にとって良い方向性を模索していきたいものだ。

(二〇一六年一二月一六日)

豊洲市場のベンゼン騒動

「安全だが、安心できない」

私たちの社会では近年、このフレーズが繰り返し使われてきた。東京都の豊洲市場への移転問題も、例外ではない。「安心」を扱う本コラムでは、昨年の秋に若干この問題に触れた（Ⅲ部「『もんじゅ』と『豊洲市場』」）が、「安全と安心」については、いまだにいくつかの誤解があるように思う。そこで今月は改めて、少し根本的なところから考えてみたい。

安全性は社会的要因を無視しては考えられない

まずよく言われるのが、「安全は科学的な基準に基づくが、安心は人々の主観である」という仕分けである。確かに、問題となっているベンゼンの環境基準は、客観的な数値によって定められている。化学物質に限らず、さまざまな安全性の問題は、科学的に扱うことができ、また扱うべき問題に見えるかもしれない。だが本当にそうなのだろうか。

たとえば、本連載では「自動車」の安全性について何度か議論してきた。自動車はさまざまな法規制がかかっており、運転免許や車検の制度などにより、重層的に管理されている。だが、以前と比べて相当に減ったとはいえ、現在も交通事故で年間約四〇〇〇人の犠牲者を出している。見方によっては非常に危険な技術だが、それを上回る便益が認められているがゆえに、自動車は「社会的に」許容されていると、考えられる。

一方、ごくまれなことだが、「エレベーター」が事故を起こし、突然人命が奪われることがある。大きなニュースになり、社会的な動揺も大きい。メーカーなどへの批判も非常に厳しいものになることが多い。しかし、自動車によって命を奪われるケースに比べると、その数は何桁も小さいといえる。少なくともこの社会では、エレベーターに対する安全性については、自動車よりもはるかに高い水準が期待されている。

自動車とエレベーターの安全性を比較すること、それ自体にはあまり意味はないだろう。両者の共通点といえば「人や物を運ぶ機械」くらいのもので、技術もかなり異なり、何よりもエレベーターは「プロ」が特定の場所で運営し、自動車は一般の人々が広く利用するものだからだ。とはいえ、この例を見るだけでも、安全性の基準が単に科学的あるいは技術的に決まっているわけではない、ということが分かるだろう。

つまり、「どこまで安全ならば、十分に安全だと認めるべきか」という議論は、単に科学的・技術的な問題ではない、ということなのだ。それは、その技術が使われるさまざまな条件や関わる人々のタイプ、経済的条件、さらには政治的・歴史的な文脈などの影響を受けつつ、決まる。安全性は本質的に、このような社会的要因を無視しては、考えられないのである。

一見すると、純粋に科学的な議論に見える、ベンゼンの環境基準の決定プロセスにも、社会的な成分が入っている。この物質の毒性は、前世紀の半ばごろ、労災として発見された。ゴム製品を作る工場で溶媒として使われていたベンゼンに、高濃度で暴露された工員が、白血病などに罹るケースが頻発したのだ。

この時の不幸なデータを元に、濃度と発がんの危険性が比例すると仮定して、どこまでの濃度ならば安全と考えるかが検討された。日本ではこの際に、「生涯にがんになる確率が、ベンゼンのせいで一〇〇万人に一人分だけ増える濃度」という条件を上限とすることになった。この「一〇〇万人に一人」という数値は、科学的に決まるものではなく、外部から導入しなければ決まらないものだ。

常識的に考えて、この「上限」をいくらにするかは、優れて政治的な問いである。私たちの社会で、ベンゼンという物質のせいで誰かが命を奪われるかもしれないという可能性について、便益やコストなどさまざまな条件を考慮して、どの程度に抑えると決断するか。それが「ベンゼンの環境基準」の意味するところである。先日、報道された「基準値の一〇〇倍」という数値も、本当はそのような文脈で理解すべきものだ。ただしこれも、実際にベンゼンと接触する場合の危険性である。誰がどういう状況で、その濃度でのベンゼンに曝(さら)される可能性があるのか、ということも含めて考えなければ、現実の安全性は議論できない。

豊洲問題の本質は「信頼問題」

一方、「一般の人はリスクがゼロでないと安心しない、まるで『ゼロリスク症候群』だ」といった批判が専門家から出ることもある。だがこれも、実は論点がずれている。すでに述べた通り、そもそも安全性とは社会的な概念である。本当に人々がそんな考えならば、誰も自動車には乗らないだろう。さまざまな要素を勘案しながら、安全性について判断して人々は暮らしているのだ。

専門家に対して「安心できない」と訴える時の人々の本音は、むしろ「あなたがたが信頼できない」という、不満の表明と考えた方がよい。豊洲のケースは、当初約束された対策が履行されていなかったことが判明したことで起きた「信頼問題」なのだ。そのやりとりの中で、安全性に注目が集まったに過ぎない。

では信頼を回復するにはどうすべきか。たとえばあなたが電車の中で足を踏まれたとしよう。踏んだ相手が「あなたの足の外傷は軽微なもので、二時間以内に痛みは消え、後遺症も残りませんから安心してください」と言ったら、あなたはどう思うだろうか。だが、「安全だから安心してくれ」と言うのは、これと構造的には同じだ。信頼を取り戻すための最初の一歩は、足を踏んだ人が、謝ることだ。さて、豊洲のケース、足を踏んだのは誰なのだろうか。

（二〇一七年四月二一日）

現代の「杞憂」

「杞憂」という言葉がある。古代中国の杞という国の人が、天が落ち地が崩れてしまうのではと心配し、食事ものどを通らず、夜も眠れないほどであった、という故事にちなむ。現代中国語でも、「杞人憂天」という成語として「取り越し苦労」といった意味で使われている。地震や豪雨で「地」が崩れることは頻発する日本列島だが、さすがに「天」が落ちてくることはなさそうだ。しかし今や、「空から何かが落ちてくる」ということは、私たちの社会でも日常的な懸念となりつつある。

実際、(二〇一七年)四月二九日早朝には、北朝鮮がミサイルを発射したとの報道を受け、東京メトロが全線で一時運転を見合わせるというできごともあった。韓国では、ミサイルが発射された際には地下鉄構内に避難するよう指導されていることもあり、日本の地下鉄が止まったことに驚きの声もあがったという。このケースはどうやら過剰反応であったが、少なくとも日本社会の「有事」に対するリスク感覚が、近年、変化してきていることは否定できないだろう。

小惑星衝突のリスク

空から落ちてくるのはミサイルだけではない。今週（五月一五日〜一九日）は東京・臨海副都心の日本科学未来館で、「プラネタリー・ディフェンス・コンフェレンス」という国際会議が開かれている。これは、仮に未知の小惑星が地球に接近・衝突するおそれが判明した場合、被害を最小限に抑えるために何ができるか、というSF的ともいえる課題について、世界中から集まった専門家たちが真剣に議論する会合なのである。

実は地球には毎年、数万トン程度の宇宙の塵（ちり）や石などが降り注いでいるという。ある程度の大きさがあると流星になるが、一部は地表にまで届く。これが隕石（いんせき）である。だがさらに大きな物体になると、現実的な被害をもたらすことがある。

有名なのは、一九〇八年に起こった「ツングースカ爆発」と呼ばれる、小天体の爆発とされる事例だ。これはたまたま、人のほとんど住まないシベリア上空で起きたために人的被害は報告されていないが、半径数十キロの森林が炎上し、約二〇〇〇平方キロメートルにわたって樹木がなぎ倒された。TNT火薬換算で推定五〜一五メガトン、広島・長崎に落とされた原爆の数百倍から一〇〇〇倍くらいの破壊力があったとされる。直径数十から一〇〇メートルと推定されているこの小天体が、もし大都市の上空で爆発したならば、とてつもない被害が出ただろう。だがこういう事例も、極端に珍しいことではないらしい。

覚えておられる方も多いだろうが、二〇一三年には、同じくロシアのチェリャビンスク近郊に直径約二〇メートルの隕石が落下し、空中爆発を起こしている。四〇〇〇棟以上の建物のガラスなどが破壊され、千数百人が重軽傷を負うという大事件となった。また四月一九日にも、直径約六五〇メートルの小惑星が地球に最接近している。宇宙には、案外、「招かざる客」が多いのだ。

さらに言えば、空から降ってくるのは「石」だけではない。一九八九年三月、カナダのケベック州で大停電が起こった。およそ六〇〇万人が被害に遭い、九時間にわたって停電が続いたが、その原因はなんと「太陽」だった。

地球から約一億五〇〇〇万キロメートルの距離にある太陽は、光でも約八分かかる。だから私たちが見ている太陽はいつも「八分前の姿」だ。太陽は大量の水素爆弾が連続的に爆発を続けている火の玉、と考えられるが、時折、太陽表面から巨大な火炎「フレア」が吹き上がる。太陽の直径は地球のだいたい一〇〇倍なので、地球の何倍もの大きさになることもある。

さて、大きなフレアが生じると、同時に電気を帯びた粒子である「プラズマ」が宇宙空間に向けて大量に放たれる場合がある。これが地球にまで達すると、磁気的な環境が攪乱(かくらん)される。これを「磁気嵐」といい、低緯度でオーロラが観測されることもあるが、ケベックのケースでは発電施設をまひさせたのである。

情報技術(IT)化が進んだ現代においては、磁気嵐が通信システムやさまざまな電子機器にダメージを与え、社会システムが広範囲に機能停止する危険性も指摘されている。思いのほか「太陽のリスク」は大きいことが分かってきたのである。

「被害規模」と「確率」を分けて考える

というわけで、それは杞憂だよ、と言ってばかりもいられない世界に私たちは生きているらしい。では、何か私たちにも個人的にできる「備え」はあるのだろうか。今回ばかりはなかなか難しいが、ただ少なくとも「被害規模」と「確率」を分けて考えるのは、良いヒントになる。

ひとたび起きた時の被害規模が大きい事件は、当然、恐ろしく感じられる。だが、その確率が十分に低ければ、恐れる必要性も低い。逆に、被害規模が小さくても、頻度が高ければ問題は大きい。つまり、被害規模と確率を掛け合わせたものを、リスクの目安と考えるのである。

もちろん、これは確率が分かっていないと計算しようがない。たとえば太陽が超巨大なフレアを吐き出す頻度は、どのくらいなのか、はっきりしたことは分からない。なにしろ四六億年と言われる太陽の歴史において、人類が観測を始めたのはここ数百年に過ぎないからだ。

などと考えていると、今日、空からミサイルが落ちてくる確率はどのくらいなのだろう、とつい考え込んでしまう。が、これはまさに計算しようがない。ともかく、私たちが世界について知っていることは、わずかなのだと、肝に銘じておこう。

(二〇一七年五月一九日)

テロの「恐怖」の拡散

世界中でテロが続いている。

ここ一カ月間のヘッドラインを見るだけでも、マンチェスター、カブール、ロンドン、テヘランと、多数の犠牲者が出た。現代におけるテロは、一般市民に対する暴力という形態をとることが増えており、ただただ卑劣な行為だ。しかし、このようなテロの「無差別性」は、比較的最近の傾向である。

テロリズムの語源がフランス革命期の「恐怖政治」にあることは本コラムでも以前指摘した(「パリ同時テロの衝撃」)が、テロは歴史的には、いわゆる「要人暗殺」として実行されることが多かった。たとえば、第一次世界大戦の契機となったオーストリア皇太子の暗殺は、典型的なテロ事件である。かつては国王や大統領といった、権力を体現する存在がしばしば狙われたのだ。

このようにテロの形態も、時代や社会状況で変化するため、「テロとはそもそも何か」という問いに答えることを難しくしている。だがテロを定義づけることの困難は、他にも原因がある。一つ例を挙げよう。

戦前の国際連盟は、テロの頻発に対処するため、一九三七年に「テロリズム防止及び処罰に関する会議」を開いた。その際に「テロの定義」を試みているのだが、結局、条約のなかにそれを組み込むことはできなかった。その背景には、定義に縛られたくないという各国の思惑があったようだ。仮に自国が支援する海外の組織が、当該国で「テロリスト」として認定されると、処罰する必要が生じるわけだが、それでは具合が悪いと考えたのだ。そこには「自国にとって利益になる暴力」と「そうでない暴力」を区別する、恣意(しい)的な視点が存在していたのは明らかだ。

そもそも、刑法の概念によって地球上の暴力行為の全てが整理されるならば、テロなどというカテゴリーは不要であろう。人が故意に殺されたならば、それは常に殺人であって、例外はないはずだからだ。しかし現実は、そうはなっていない。

共謀罪法案をめぐる対立軸

歴史をひもとけば、国家が秘密裏に他国の要人暗殺を計画するといったことも、珍しくはない。戦争は国家が行う殺人だ、という考え方もある。主権国家による「大義ある戦争」、刑法犯としての「個人的な殺人」、そして「テロリズム」が、互いにいかなる関係にあるのか、明確に整理するのは容易ではない。そのため、現在もテロの定義は多様であり、世界的にも議論が続いている。

もう一つ厄介なのは、現代のテロリズムはそれがテロ＝恐怖として社会に作用すれば、現実的な被害とは関係なく、テロリストの目的が達成されてしまうことであろう。事実を超えて、情報的に拡散する「恐怖」に支配されるという点で、テロはポストモダン的な性格を伴うのだ。

このように、多分に認識論的、あるいは共同主観的な性格をもっているがゆえに、テロに対応する側の予防的な措置も、過度に正当化されやすい。むろんその運用形態は、当該社会の諸条件に依存するだろう。たとえば、同じ規模の被害をもたらす事件であっても、治安の良い国と、そうでない国では、その影響は大きく異なるはずだ。

周知の通り、「組織的な犯罪の処罰及び犯罪収益の規制等に関する法律」の改正案が参議院で可決されたが、私たちの社会を二分する論争は今後も続くだろう。さまざまな検討が可能だが、まず目に付くのは、政府側が「テロ等準備罪処罰法案」と通称し、多くのメディアは「共謀罪法案」と呼んでいた点だ。すなわち、準備行為も含め、まさに「何をテロと見なすか」という定義の拡大をこの法律は企図しており、それを認めるべきかどうかが最初の対立軸になっている。まさに、この社会の現状をどう捉えるかという認識そのものが、争点なのだ。

ここで改めて確認しておくべきは、日本では長年にわたって、犯罪の犠牲者数が減り続けているという事実である。刑法犯の被害による死亡者数は、一九六五年に四〇〇〇人に迫っていたが、半世紀後の二〇一五年には約八〇〇人にまで減った。しかも、殺人事件の多くは家族や顔見知りによる犯行である。また、日本ではかつて「地下鉄サリン事件」という大事件があったものの、少なくとも最近は、大きなテロ事件は起きていない。これは諸外国でのテロの増加傾向と比べて、日本社会の顕著な特徴といえるのではないか。

一つの価値を強調し過ぎることの副作用

壁は白いほど、小さなシミが気になるものだ。安全になればなるほど、安全が気になるという逆説こそが、この法案を後押しする一つの大きな社会的要因とも考えられる。テロが人々の認識と切り離せないものであることを知れば、そのことはより明確に納得しうるだろう。

一般に、一つの価値を強調し過ぎることは、他の価値の抑圧につながるものだ。また、達成度が高まってくると、さらに上を目指すためのコストも急速に増えていく。四五点の生徒が七〇点を目指すのと、七〇点の生徒が九五点を目指すのとでは、その難しさはまるで違う。すでにかなり「白い」この社会を、さらに漂白しようとする時、いかなる無理が生じるか、よくよく考えてみるべきだ。

「治安」という価値の強調による副作用は、すでに多くの識者が指摘する人権侵害の問題だけではない。要するに活気がなく、創造性に乏しい、発展性のない社会になりかねないのだ。そうなれば当然、「経済成長」や「イノベーション」などは望むべくもない。私たちは、そんな社会にしたいのか。今一度、問い直す必要があるのではないだろうか。

（二〇一七年六月一六日）

相次ぐ品質検査の不祥事

(二〇一七年)九月二九日、日産自動車が完成車の検査に不備があったと発表、その後の調査で、国内のほぼ全ての工場で無資格者が検査業務に従事していたことが判明した。その結果、一〇〇万台を超す大型のリコール(回収・無償修理)が発生、衝撃が走った。ところが一〇月末には、スバルでも長年、無資格検査が行われていたことが発覚、最新の報道ではリコールは四〇万台にまで拡大している。さらに一〇月八日には、神戸製鋼がアルミニウム・銅製品の検査データを改ざんしていたことが明らかになった。同社の製品は輸出も多かったことから、世界中が驚きをもって受け止めた。

高い品質で信頼を勝ち得てきたはずの「メイド・イン・ジャパン」の相次ぐ不祥事に、私たちは戸惑いを禁じ得ない。だが、同じような事件は近年、何度も繰り返されている。

たとえば二年前にも大手のゴムメーカーが、同社の免震ゴムや防振ゴムで、性能を偽装していたことが明るみに出た。また同じ年、血液製剤・ワクチン製造の老舗企業が、長年、当局に承認されたのとは異なる方法で製品を製造していたことが判明した。さらにマンションの施工を請け負った下請け会社が、杭が適切な深さまで届いていないにもかかわらず、データを改ざんすることで偽装していた事件も明らかになった。

これらの事例は、二〇一五年一二月の本コラムでも扱っている。そこでは、閉鎖的な職場環境で働く担当者たちが不祥事を起こす要因として、かつての職人が持っていた「プロのモラル」が、現代の企業には継承されていない可能性などを指摘した。また、同じ問題を繰り返さないためには、単に規制や監視を強めるだけでなく、目先の利益よりも自分の仕事に対する誇りを優先させる文化を醸成することや、自分の専門領域以外の世界にも関心を持ち、本来の意味での「教養」を高めることの重要性を議論した。その上で、職業人が誇りを持つためにも、良い仕事をした「プロ」に対しては、顧客である私たちが敬意(リスペクト)を示すべきだと提言した。

不祥事の背景

この秋に発覚した一連の事件は、二年前のケースと共通する要素も多いと考えられるが、今回は少し別の観点からの検討を行ってみたい。

まず、無資格者による自動車の検査については、国内のルールに照らせば違反になるが、国際的には問題にならない。実際、輸出向けについてはリコール対象になっていない。周知の通り、グローバル化の進展や日本経済の低迷が続くなかで、自動車メーカーも国内向けの割合は低下が続いている。日産の場合、国内販売台数は全体の約一割に過ぎない。そういう中で、「国内向けだけだから」と、規則が軽視されやすい空気が広がっていたのではないか。

似たような事例は二〇〇二年にも起きている。ある小規模の香料メーカーが、国内で食品に添加することが認可されていない物質を使用していたことが発覚、多くの食品メーカーが同社の香料を使用していたために、大規模な商品回収事件に発展した。だが、その物質自体は世界標準では普通に使われており、安全性などの問題は実質的には存在しなかった。むしろ、国内外の規制の違いにこそ問題の本質があったと考えられる。

当然ながら、ルールを守らないことは決して許されることではない。しかし、古いルールが現実と齟齬を来している時、ルールの方を改めるのが妥当な場合もある。今回の自動車のケースがそれに当たるかどうかは検討を要する。だが、形骸化したルールが放置され、皆が守らなくなると、いずれは絶対に遵守しなければならない重要なルールすらも守られなくなる。オオカミ少年の話にも少し似ているが、規範そのものを軽視する風潮が広がることこそが、最も危険な事態である。

もう一点、近年の事件全体に共通して見られることとして、顧客が直接品質を確認することが困難な瑕疵が多い、という特徴がある。たとえばエンジンが動かなければ、誰もがおかしいと気づく。しかし、昨今問題となっているのは、製品の製造方法や、品質管理上のごまかしであり、不正を見抜くには高度の専門的な知識や技術が必要である。

要するに、すぐに大きな問題が起きるおそれは少ないが、なんらかの条件のもとで、あるいは一定の確率で、製品に問題が生じる可能性を、故意に見過ごした、といったタイプの事件が多いのだ。

ルールの趣旨を見直そう

このような問題に対して、どのような対処法があるのだろうか。

まず、近年の品質管理においては、製品自体の品質を保証するだけでなく、製品を作る過程全体を管理の対象とする「プロセス管理」という考え方が普及してきている。有名な「ＩＳＯ９００１」は、そのような品質管理の国際標準である。一見すると、プロセス管理が徹底すれば、この種の不正は防げるようにも思えるのだが、神戸製鋼、日産やスバルも含め、問題を起こした企業が、実はこの認証をすでに受けていたというケースも少なくない。

いくら良い仕組みを導入しても、故意にルールを破ろうとする者がいれば、不正を防ぐのは難しい。また、認証をとること自体が自己目的化し、その精神が内部で共有されていないと嘆く声もよく耳にする。

結局、物事を根本から理解しようとせず、表層を繕うことばかりにたけてしまった結果、「ルールの趣旨」が集団的に忘却され、不祥事を招いたというのが、実態かもしれない。まずは何が起きているのか、現実を直視するところから始めよう。

（二〇一七年一一月一七日）

高齢化社会と法医学

ＴＢＳ系列で放送中の『アンナチュラル』が好評だ[1]。いわゆる法医学ミステリー・ドラマだが、そもそも法医学とは何だろうか。それは、死因の解明など、医学的助言を要する法的な課題について、科学的で公正な医学的判断を下すことにより、人々の人権を守り、社会の安全・福祉に寄与する医学の一分野である。

一般に、法医学系のドラマでは、監察医務院や大学の法医学教室を中心に話が展開することが多い。しかしこの作品では、「不自然死究明研究所（ＵＤＩラボ）」という架空の組織が舞台だ。そこは、警察庁と厚生労働省が補助金を拠出する、不自然死の死因を調査するための公益財団法人――という設定なのだが、実は日本の法医学制度の抱える問題点が、話の随所に埋め込まれている。

昨年、日本では約一三〇万人が亡くなった（二〇一七年）。高齢化社会の先には必然的に「多死社会」が到来する。法医学の重要性が今後も高まっていく中、死角はないのか。今月は、この辺りを探ってみたい。

死因究明、ヒトもカネも足りぬ

まず、解剖の種類について確認しよう。「病理解剖」という言葉を聞いたことがあるかもしれない。これは、病気の状態などを医学的に解明し、将来の治療に役立てる目的で行われる。病院などで実施され、遺族の承諾を要する。義務ではないため、元々件数は多くはないが、近年はおおむね減少傾向にあり、全国で年間一万件程度にとどまっている。

一方、死因が不明の場合は「法医解剖」が行われる。これは事件性が疑われる場合の「司法解剖」と、それ以外の「行政解剖」に分かれる。いずれも遺族の承諾は基本的に不要だ。前者は主として大学の法医学教室が担う。「監察医」が行うのは後者の行政解剖だ。ただし、監察医制度がある自治体は、東京二三区などごく一部だ。その他の自治体では、司法解剖と、遺族の承諾の下、遺族や自治体等が費用を負担する「承諾解剖」のみが行われてきたのである。

では、「事件性の有無」を判断するのは誰か。これは、刑事訴訟法に規定された「検視」の手続きとして、主に警察官が、医師とともに判断している。解剖の「前に」事件の可能性の有無が判定されるわけだ。

だが、解剖して初めて正確な死因が判明することもある。死因に少しでも疑念が残るならば、確実に解剖に回せるような仕組みが望ましい。実際、検視の段階では「事件性無し」とされたが、解剖によって覆された事例が、過去にある。

有名なケースとしては、二〇〇七年に起きた、大相撲・時津風部屋における傷害致死事件がある。当時一七歳だった力士・時太山は稽古中に急死し、最初に搬送された病院で「急性心不全」と診断された。愛知県警も当初は「事件性無し」と判断した。だが、両親の強い希望で新潟大学の法医学教室で承諾解剖が行われた。その結果、病死ではなく、激しい暴行によって死亡したことが明らかになったのである。

このような例は、氷山の一角ではないかと専門家は指摘する。なぜなら日本では、死因が分からない遺体のうち、実際に解剖されるのは約一割に過ぎないからである。しかもそれは平均値であり、都道府県によってその割合は著しく異なる。死因究明の地域間格差は大きいのだ。

こうなっている主な原因は、やはりリソースの不足だ。たとえば、解剖を担当しているのは、ほぼ大学の法医学教室であり、そこで働く法医解剖医は、全国で二〇〇人にも満たない。しかも本業は教育・研究だ。現場では手弁当に近い形で、この国の司法の信頼を支えてきたのである。

これは他の先進国と比べても、かなり異常な状況だ。たとえば、スウェーデンでは異状死の約九割が、また英国では約半数が解剖されているという。

このような日本の立ち遅れに対して、法医学者などが改善を訴え続けた結果、二〇一二年にようやく「死因究明等推進法[2]」ならびに「死因・身元調査法」が、議員立法で成立した。特に後者の法律により、事件性が疑われずとも、遺族の承諾がなくとも、警察署長の権限で解剖が可能となった。

今回の制度改正は確かに大きな前進だろう。だが、重要な問題がまだ放置されている。肝心の、解剖を行う組織を整備するための、予算や人材は依然として足りないままなのだ。ドラマに登場した「UDIラボ」のような、死因究明専門の独立組織が、まさに求められているのだ。

「不幸の形」の直視を

英国の哲学者ベンサムは功利主義の祖である。彼は「最大多数の最大幸福」で有名だが、これを本当に実現しようとすると、最初から壁にぶつかる。人間にとっての「幸せの形」は、人それぞれだからだ。

だが逆に、「不幸の形」は比較的似通っている。なによりも「人の死」こそが、最も避けるべき不幸だという点では、合意を得やすい。「リスク論」という学問分野は、基本的にそのような前提に基づいて、政策決定のための材料を提供してきた。

この社会における一人一人の「死の理由」を知ることなしに、命を守るための政策を定めることはできないはずだ。そこを見誤ると、全く無意味な対策を講じてしまうことにもなりかねない。法医学は、その最も根底的な基盤を支える、社会的に非常に重要な学問なのである。

死を直視することは、つらい。だが私たちは、その「事実」から逃げてはならない。死と生は、いつも表裏一体なのだから。

（二〇一八年二月一六日）

裁量労働制の落とし穴

データ不正の大問題

森友学園との国有地取引に関する決裁文書の書き換えが明らかになり、今、日本中が大揺れだ。だが重要案件はこれだけではない。今月は、この事件が明るみに出る寸前に国会を揺るがしていた、「裁量労働制の拡大」の問題について考えたい。

第一九六回国会で政府が成立を目指している「働き方改革関連法案」に関連して、厚生労働省が提出した裁量労働制と一般労働者の労働時間を比較するデータに、不適切な数字が多数見つかったのは、一カ月前のことだ。政府は、比較のできない数字を使って国会答弁を続けていたとして、強く非難された。結局、裁量労働制の対象拡大は、今回は断念することになった。

そして三月二日の『朝日新聞』の報道から、公文書の書き換え問題に社会的な注目が集まっていくわけだが、その二日後、もう一つ重要なニュースが報じられている。当初政府の答弁では、裁量労働制の違法適用の取り締まりの具体例として、不動産大手の野村不動産に対する「特別指導」を挙げていた。しかしこれは、同社の五〇代の男性社員が過労自殺し、遺族が労災申請をしたことをきっかけに行われた指導であったことが判明したのだ。同社は、全社的に裁量労働制を違法に適用し、この男性社員もその中に含まれていたという。現行制度ですら、働く人を守る上で不備があることが暴露されたのである。

「過労死」という言葉が使われるようになってから、すでに約四〇年が経つ。その間、どれだけの数の命が失われてきたか、どれだけの家族が嘆き悲しんできたか。にもかかわらず、この問題が依然として解決しないのは何故だろう。もちろん、いまだに企業や政府の対策に不足があるのは確かだろう。だがさらに奥に、より本質的な問題が隠れているということはないだろうか。

速水融(はやみあきら)の「勤勉革命」

経済史家の速水融はかつて、江戸期における濃尾平野の人口と家畜の数を研究していた。その際彼は、時代を経るにつれて、ウマなど、労働力としての家畜の数が、人口に対して減っていくことを見いだす。ヨーロッパでは、人口に対して家畜(=資本)が増えることで農業が発展し、そこから産業革命へとつながっていった。日本の近世では、それと逆の現象が起こっていたのである。

その原因としては、江戸期の途中で耕地面積の拡大が頭打ちとなり、家畜の飼料と人の食料が競合したこと、などが挙げられている。その結果、家畜の労働を人間が代替していくことになったのだが、当時これは、経済的に合理的な行動だったと考えられている。

実際、その間、人々の生活水準は明らかに高まった。衣食住のレベルが上がり、庶民も「お伊勢参り」などの旅行をするようになり、平均寿命も伸びたのである。これらは、人々が働けばそれなりに豊かになる、つまり生産が増えた分の一部は、働き手にも還元される社会構造だったことを意味する。さらに農業技術の向上なども手伝って、生産量全体は増加したのだ。

この現象を速水は「勤勉革命」と名付け、世界的な研究成果として認知されていく。だが、この「革命」には副作用があった。近世の人々は豊かになるためによく働いたのだが、労働時間はどんどん長くなっていったのだ。まさに労働集約型の産業構造である。

私は若い頃、江戸時代の健康思想の研究をしていたことがある。その中でよく見つかる記述は、健康維持のための「勤労」の奨励である。現代においても、「働くのが一番の健康法だ」といった言説を耳にすることがあるだろう。この江戸の勤労革命の成功体験によって、労働を奨励する倫理観が日本社会の深いところに浸透したと見てよい。

「長時間労働は美徳」、見直すべき時

特定の社会における倫理観は、文化や宗教のみならず、社会経済的な要因など、さまざまな要素から形成されると考えられる。そしていったん、倫理観が人々に根付くと、社会的な条件が少々変わっても、倫理自体は簡単には変容しないものだ。

日本社会の勤労についての倫理観も、後に工業化の段階に入っても保たれ、現在にまでつながっていると考えられる。

問題は、現代の日本が、単に労働時間を長くすれば豊かになるというような段階を、とうに越えてしまっている、ということだ。先進国となって久しい今、重要なのは、より付加価値の高いモノやサービスを効率よく生み出すことであって、労働時間をいたずらに長くするのは、当然、経済的にも不合理である。このような社会経済的な背景もあって、近年、政府は裁量労働制の拡大を何度も検討しているのだろう。

だが、この社会には依然として江戸時代からの「長時間労働の美徳」が、至る所に残存している。そのような古い倫理観と「裁量労働制」が合体すると、個人の「自由裁量」の名の下に、相互に監視しながら、とにかく働き続ける世界が到来する。その先には悲劇しか待っていない。

基本的人権は、言うまでもなく私たちの社会において極めて重要な価値である。だが仮に、功利主義的な経済の議論に限定したとしても、労働力不足である現代社会で貴重なのは「人」そのものだ。「体制」が人間を大切にしないとすれば、それは悪というよりも愚かであろう。適切な制度の整備も重要だが、同時に、長い労働時間など、私たちが常識として受け入れがちな価値観も、徹底して見つめ直すべき時期が来ている。

(二〇一八年三月一六日)

四九日も逃走できた理由は……

二〇一八年八月に大阪府警富田林署から脱走し、私たちの安心を四九日にわたって脅かしてきた男の身柄が、先月末、ようやく確保された。彼は五月に逮捕され、複数の容疑で約二カ月半、勾留されていたが、面会室で弁護士と接見後、仕切りのアクリル板を押し破るという、前代未聞の手口で逃亡したのである。

すぐに捕まるかに見えたものの、府警が当初、特別配備を大阪府南部のみに敷くなど初動対応の問題もあり、予想以上に捜査は難航した。その途中では、盗難車のバイクに無免許で乗っていた高校生が容疑者と間違われ、パトカーに追跡された結果、事故を起こして死亡するという痛ましい事件も発生している。

逮捕の報を受けて安堵したのもつかの間、逃走方法が明らかになると、私たちは再び驚かされた。彼は、盗んだ自転車で四国をめぐり、山口県内まで旅をしていたというのだ。しかも、逃走中にわざわざ愛媛県庁の自転車新文化推進課を訪れ、「日本一周中」というプレートを作るよう依頼。それを取り付けて、走っていたのである。山口県内で撮影されたという写真が報じられていたが、プレートには「行くぞ！」「お助けお願いします」などという文字がペンで書き加えられ、愛媛県のイメージキャラクター「みきゃん」の姿もある。

「正常性バイアス」

「脱出」や「逃亡」は古くから、小説や映画のモチーフとしてよく使われる。そういうフィクションの世界と見まがうような非常に大胆な事件だが、しかしそもそもなぜ、行く先々で誰も容疑者に気づかなかったのだろう。富田林での逃走事件の発生後、すぐにテレビや新聞では顔写真が公開され、大ニュースとして全国的な注目を集めた。いくら髪形を変え、サングラスをしていたからといって、分からないものだろうか。

まず考えられるのが、「正常性バイアス」の影響である。これは災害が発生した際などに観察される心理的現象であり、実際には異常な事態が起きているにもかかわらず、目の前の状況が普段と変わらないと認識してしまう、人々の心の性質だ。

今回のケースで言えば、「逃亡中の容疑者が、人々の前にわざわざ顔をさらすはずがない」「大阪で逃げたのだから、四国にまで来るはずがない」「逃げるなら自転車よりもバイクを使うだろう」といった「常識」が、目の前にいる人物が容疑者かもしれないと疑う力を、まひさせていたと考えられるのだ。

さらに彼は、「日本一周に挑戦する好青年」というイメージと自分を重ね合わせることにも成功していた。実は、この夏に日本テレビ系列で放送されていたドラマ『高嶺の花』でも、物語の伏線として、自転車で日本一周に挑戦する中学生の姿が好意的に描かれていた。

まさかこのドラマを彼がどこかで見て、偽装を思いついたわけではないと思うが、ともかく、私たちは他者を馴染みのカテゴリーに分類し、理解したつもりになることが案外多い。これは認知的な資源を効率的に使うためであり、必要な能力だ。とはいえ、まさにその「安心」こそが盲点になったことは否定できない。

このように、私たちの心の隙間にすっぽりと入り込んだことで、長い間、誰にも怪しまれることなく旅を続けることができたのだ。そういうことで一応の説明はつく。

「まれびと」を手厚くもてなす風習?

しかし率直に言って、まだ何かしっくり来ない。確かに、大きな目標を掲げた旅人を励ますのは、人として当然、好ましい態度である。また、そういう温かい気持ちを日本の多くの人々が抱くであろうこともよく分かる。だが、私たちが「日本一周に挑戦中」という旗印を目にすると、ふと警戒心を解いてしまうのはなぜなのか。背景には、何かもう少し深い理由があるのではないか。

そう考えていた時、ふと思い出したのが折口信夫の仕事である。彼は、日本中を旅してさまざまな伝承を渉猟したが、特に沖縄におけるフィールドワークに触発され、「まれびと」という概念に到達した。これは、はるか海のかなたに「常世の国」があり、そこから定期的に神が来訪し、人々に祝福を与え、また去っていくという、折口民俗学における重要な考え方である。

福島中通り地方で小正月に行われる「七福神」の来訪や、有名な秋田の「なまはげ」、また石垣島などの旧盆の行事「アンガマ」など、まれびとが登場することで知られる祭りや行事が、今も各地に残っている。

このような日本人の古い心性は、共同体の外部の存在＝「異人」を手厚くもてなす風習とも結びついていると言われる。だとすると、この容疑者は知ってか知らずか「まれびと的存在」に自分を偽装することを選び、だからこそここまで長期にわたって逃げ続けることができたのだと、考えられないか。これはあくまで、門外漢の勝手な推理ではあるが。

私たちはすっかり近代化した社会を生きているつもりになっているが、何かの拍子に、集合的な古い心性が顔を出すことがある。それは、街角で鏡に映った自分を見つけた時の、ある種の戸惑いのような感覚にも似ているかもしれない。

しかし、そういうできごとは、自分たちが何者であり、どこから来て、どこへ向かうのか、といった共同体の根源的な問いと向き合うチャンスでもあるだろう。長い歴史が積み重ねられた日本社会の古層を、時折、見つめ直してみたい。

（二〇一八年一〇月一九日）

自己責任論の思想

シリアで拘束されていたジャーナリストの安田純平氏が、二〇一八年一〇月、実に三年四カ月ぶりに解放された。多くの人々が彼の無事を知って安堵したが、同時に、いわゆる「自己責任論」も再燃したようだ。この問題については、すでに多様な議論があり、ここで改めて付け加えるべきことは多くはないが、特に気になる点を若干、考えてみたい。

まず、近代的な法概念においては、個人の行為に対して責任が生じるのは、その者の自由な選択が可能な場合であるとされる。たとえば、強盗の人質になった人が脅迫されて行った行為については、刑事的な責任は問われない。そこには自由意志が介在する余地がないからだ。このような形で、責任と自由は密接に結びついていると考えるのが基本である。

だが日本社会においては、「責任」が自由との関係で語られることは、あまり多くないように思われる。具体的な例を思い描いてみよう。ある企業が問題を起こし、トップの去就が注目されているとしよう。こういう場合、「今職務を投げ出すことは無責任であります。最後まで責任を全うしたいと考えます」などと述べ、なかなか退陣しない、といったことが時折見られる。

日常的に私たちの社会で「責任」が語られる時の意味合いは、この社長が「責任を全うする」と主張する場合のそれと、似ているだろう。

では、ここで言う「責任」は、先ほど確認した「自由に基づく行動に伴う責任」と同じだろうか。どうやら、そうではない。

もし、「自由に伴う責任」に焦点を当てるならば、どういう議論になるか。まず問われるのは、どの時点で、どんな経営判断をしたかだ。その内容によっては、単に社長を辞めるだけでは済まない。状況次第では、株主代表訴訟で法的な責任を追及されることもありうる。

一方、「無責任な社長」が批判される時は、むしろ「与えられた社長という役割を、きちんと果たしてきたかどうか」という意味で「責任」という言葉が使われることの方が多いのではないだろうか。

要するに日本では、主として、組織や集団の中で与えられた、なんらかの「役割」を適切に全うしているかどうかについて、「責任」という言葉で表現しているのだ。このことは、私たちの言葉遣いを少し思い出せば合点がいく。「社員としての責任を自覚せよ」「彼は無責任な父親だ」「先輩として責任を感じる」、いずれも、「立場と役割」との関係で、責任を語っている。

「自由」と「責任」をめぐるニュアンスの違い

もちろん「自由に伴う責任」という意味で使われることもあるが、比率でいえば、「立場と役割」

の文脈の方が多いのではないか。また、立場はどんな集団のメンバーを想定するかによって変わる。その意味で日本社会における「責任」は、実質的には、所属する集団の中で定まる相対的な概念なのかもしれない。

同様に「自由」という言葉も、欧米におけるそれとはかなり違う使われ方をしているようだ。自由とは、近代社会における非常に本質的な概念であり、色々な捉え方があるが、これも日本語では、「立場や役割」との関係で語られることが多い。たとえば、「自由人」や「自由業」といった言葉には、立場に伴う責務から免れている、というニュアンスが付着しているのではないか。つまり「組織や集団との縁が薄い状態」が、「自由」という言葉に対して、最初に連想されるイメージなのである。しかしこの理解は、近代的な自由の概念とは、かなりかけ離れていると言うべきだ。

もちろん、欧米においても役割についての責任という概念はあるが、個人の自己決定との関係で、責任が語られることの方が目立つ。「自由だから責任があるのだ」という理屈を、子供に教えることに苦労した経験はないだろうか。「役割に伴う責任」の概念が深く定着している社会では、自由と責任の関係を論理的に説明すること自体、骨が折れる。

「集団内の役割」を問う日本

以上のような整理を踏まえると、いわゆる「自己責任論」はどう理解しうるのだろうか。できるだけ感情論を排して考えてみよう。

表層的には、自己の自由な決定の結果被った不幸は、自分で引き受けるべきだ、という欧米型の思想にも見える。だが、そもそも、三年以上拘束されるということによって、本人は自己決定の結果をすでに十分に引き受けている。そこをさらに批判する理屈を立てるのは、客観的に見て、相当に無理がある。

何よりも、私たちの社会は、彼の挑戦によって貴重な情報が得られる可能性を期待し得たと考えるのが普通である。自由意志に基づき、危険な仕事を自発的に担ってくれる人は、社会にとって、文字通り「有り難い」存在だ。功利主義的な観点に立っても、称賛されるのが自然だろう。実際、世界的にも、今回のようなケースに対してバッシングが起こる例は、ほぼ見当たらない。

従って日本において「自己責任論」を駆動する思想が、近代的な「自由に伴う責任」だと考えると、つじつまが合わない。むしろ先ほど検討した、集団内での役割に関する責任だと考えた方が理解しやすい。

そうだとすると、いかなる集団内のどんな役割を期待され、しかしそれを果たさなかったと認識されてしまったのか。気になるところだが、ここからは私たちの宿題としよう。そしてこれはきっと、「日本の近代」なるものの実態を理解する上での、一つの鍵になるに違いない。

（二〇一八年一一月一六日）

V

時代の節目を読む

ノーベル賞授賞式でメダルと賞状を授与される吉野彰さん
(2019 年 12 月 10 日、ストックホルム)

ノーベル賞ラッシュ

今年の秋も「ノーベル賞」の号外が出た。受賞者の皆様には、心からお祝い申し上げたい。それにしても日本からの受賞者が多い。数え方によって国別の人数は変わってくるのだが、二一世紀に入ってからの日本は、少なくとも米、英に次ぐ世界第三位の受賞者数を誇る。特に最近は、毎年のように受賞者が出ていることもあり、かつてのような「ノーベル賞フィーバー」といった状況は目立たなくなった。だがそれでも、祝賀ムードがそこかしこに溢れる。

歴代の受賞者リストを見ると、米国が圧倒的に多いこと、そして欧米以外の受賞者がいまだに少数派であることが分かる。その中にあって、特に自然科学分野での日本の健闘は、目覚ましいものがある。あまり明るいニュースのない昨今、「日本も捨てたもんじゃない」と思える数少ない機会なのかもしれない。

もっとも、元々ノーベル賞には、ナショナリズムを乗り越えることへの期待が込められていた。周知の通り、ダイナマイトの発明によって巨万の富を築いたアルフレッド・ノーベルの遺言によって創設されたのがこの賞だが、彼は「審査にあたっては国籍を一切考慮してはならない」と書き遺しているからだ。

「ぬるま湯」時代の成果を反映

同時に、ノーベル賞が非常に権威ある賞であることは間違いないものの、一定の評価基準による、ある種の「指標」に過ぎないということも忘れるべきではない。とりわけ、この賞が示すのは「過去の成果」であることには注意を要するだろう。

二〇一二年にｉＰＳ細胞の開発で生理学・医学賞を受賞した山中伸弥教授の場合、研究の成功からわずか数年で受賞に至っているが、これはノーベル賞の歴史の中でも例外的である。たとえば、二〇一五年の物理学賞に輝いた「ニュートリノの質量の発見」は二〇年近く前の研究成果であるし、二〇〇八年に物理学賞を受賞した「小林・益川理論」は、発表から三十数年の時を経ての快挙であった。故・南部陽一郎博士のように、受賞までにほぼ半世紀を費やしたケースもある。ノーベル賞は存命中にしか受賞できないルールがあるため、過去には、偉大な業績を残しながらも先に命が尽きてしまい、受賞を逃したとされる研究者も少なくない。「相対性原理」で有名なアルベルト・アインシュタインも、一九二一年の物理学賞受賞の理由は「光電効果の法則の発見」であった。ノーベル賞の審査員たちは、少なくともその時点では、相対論を真に価値ある発見だと結論づけるには至らなかった、ということである。

このようにノーベル賞は、しばしば受賞までに非常に長い時間がかかるため、最近の日本の「ノーベル賞ラッシュ」は、おおむね二〇年から四〇年前のありようが反映していると考えるべきだろう。では、その頃はどんな時代だったのか。当時の資料を見てみると、必ずしも研究環境が良かったわけではないことが分かる。大学施設の老朽化や、基礎研究を支える基盤が不足していることが叫ばれていたし、「理科離れが深刻」などとも報じられた。また学生は創造性が足りない、それは共通一次に象徴される、画一的な戦後教育の結果なのだ、などともよく言われた。

一方で研究者が「説明責任」を求められる機会は少なかった。研究費が潤沢だったわけではないが、申請に必要な書類も多くはなかったし、年単位で小刻みに結果を求められることも、まずなかった。ある意味で、大学や研究の世界は牧歌的であったのだろう。もし「選択と集中」を主張する人たちがタイムマシンに乗って、その頃の研究者たちに会いに行ったならば、あまりの「ぬるま湯ぶり」に卒倒するかもしれない。

しかし紛れもなく、そのような時代に生まれた研究成果が、現在のノーベル賞につながっている。繰り返しになるが、ノーベル賞も一つのモノサシに過ぎない。研究や学問、教育の世界を測る基準は多様だ。加えて、当時と今では社会経済的な条件が全く異なる。グローバル化、高齢化、財政の悪化。私たちは、昭和の右肩上がりの時代と同じことを続けるわけにはいかない。

だからといって、当然ながら、何でも「改革」すれば良くなるわけではない。とりわけ研究や教育には時間がかかる。今、仕組みを変えても、その結果が出るのは何十年も先だ。時間のスケールが、「選挙」や「株主総会」とはまるで違うのだ。もし「改悪」したとしても、何十年もの間それに気づかないだろうし、気づいた時にはもう手遅れだろう。

慎重を要する、研究や教育の「改革」

世が「改革」に染まって何年が経つだろうか。平成に入ってからというもの、この「社会運動」がずっと継続しているようにも思う。しかしそれによって私たちの社会は良くなったといえるのだろうか。人間は、不安になると無駄な動きをするようになる。貧乏揺すりをしたり、あちこち歩き回ったり。山で遭難した時などは、それは命取りになる。問題の根本原因が分からないまま、「とりあえず改革」を繰り返すことも、かなりのリスクをはらむのだ。

少なくとも研究や教育のスタイルは、もし変えるにしても、少しずつ慎重に改めるべきではないか。この世は結局、人材次第である。人を育てるにはゆったりと構えることが大切だし、真に価値あるものを生み出すには、じっくり考える時間が必要だ。これを「贅沢（ぜいたく）」と言って切り捨てるのは簡単だ。だがそれは、将来のノーベル賞はもちろんのこと、私たちの未来そのものを切り捨ててしまうことにも、なりかねない。

（二〇一五年一〇月一六日）

過剰なバッシングのメカニズム

ジャーナリズムとアカデミズムの「時間スケール」の違い

新年度が始まった。二〇一四年の秋に始まった本コラムも、気づけば一年半。毎回、おおむね一カ月の間に起きたできごとを題材に、私たちの「安心」を脅かすものが何なのか、少しずつ考えてきた。

さて、このような連載を続けながらいつも感じることがある。それは、ジャーナリズムとアカデミズムの「時間スケール」の違いである。ジャーナリズムは、やはり速報性が大切だ。近年はとりわけ、ニュースの寿命が短い。ほとんどのトピックスの賞味期限は半日から、せいぜい数日ではないか。次から次へと押し寄せる事件の波を巧みに捌く、いわば「反射神経」が求められる。

一方でアカデミズムは多くの場合、もっと長期にわたる現象を、時間をかけて検討する。分野にもよるが、人文社会科学が扱う対象は、短いものでも一年から一〇年程度、普通は数十年単位かそれ以上のスケールだ。比較的深い分析が期待できるが、結果が出るのにも時間がかかるので、現実の社会問題を発見したり、解決したりする上では、焦れったいと感じることも多いだろう。

このように、ジャーナリズムとアカデミズムの間には、時間について数百倍のオーダーの開きがあるようだ。ここで気になるのは、この隙間、一〇日から数カ月の単位で、私たちの社会を見つめるのは誰か、という点だ。かつてはジャーナリズム志向の強い月刊誌などが、ちょうどこの空隙（くうげき）を埋めていたと思われるが、ここ一〇年で多くの雑誌が廃刊になり、旧来型の「論壇」は痩せ細ってきている。むろん、新聞やテレビなどでも、ていねいな解説や調査報道の充実に取り組む動きがあるし、ネット空間に新たな論壇を構築する試みも見られる。とはいえ、現状ではまだ、この「十日から数百日」の範囲は、手薄になりがちであろう。

「特定個人をバッシング」はなぜ繰り返されるのか

そんなことを考えながら、ここ一〇〇日ほどの間に報じられたできごとを「安心新聞」の視点で見直してみると、一つ気になることが浮かび上がる。それは、「特定個人への強いバッシング」が、ターゲットを変えつつも、ずっと続いていることである。一つ一つは、芸能界のゴシップであり、スポーツ選手の不祥事であり、有名人のスキャンダルに過ぎないのかもしれない。また議論の余地がない反社会的な行為などに対して、強い批判がなされるのは当然だろう。おのおのを取り出してここで吟味する余裕はないが、個々の事情はさまざまだ。それでも指摘したいのは、バッシングの「限度」が見えないことだ。あるバッシングが始まると、次の対象が現れるまで攻撃が止（や）まない。そして一旦そうなると、批判の宛先が生身の人間であることや、不適切な社会的制裁は人権侵害にあたることなどが、まるで意識されなくなるように見えるのだ。

むろん、このような現象が起こる背景には、ネットを含めた広義のメディアの在り方が関係しているのは間違いないだろう。しかし単なるメディア批判で問題の本質にたどり着くとも思えない。なぜなら、メディアは常に「社会の鏡」であるからだ。私たちが実態として、社会的な事件をどのような枠組みで捉えているのか、ということが問われなければ、結局はこのようなバッシングのメカニズムも理解できないだろう。

たとえば近代的な刑事訴訟では、推定無罪の原則がある。逮捕されただけでは、罪人ではない。また仮に裁判で有罪が決まっても、当然、人権は守られなければならない。被害者の立場からすれば一見理不尽なさまざまな規定も、ヨーロッパ人たちが近代社会を組み立てる際に遭遇した、苦い経験を踏まえて作られたルールの一部である。だがどうも私たちの社会は、これらを今も「本音では」重視していないように見える。特に最近、その傾向が強まっていると感じることも多い。そうだとすれば、これをどう理解すべきか。

阿部謹也の「世間論」

西洋中世史を専門とする阿部謹也はかつて、日本の本質は「世間」であって、「社会」ではないと看破した。世間は歴史的な秩序であり、この国を実質的に支配している原理だと彼は説く。そこには個人の観念はなく、おのおのの「地位」だけが存在する。また法や契約よりも贈与と返礼による「互酬」の原理が優越する。そして世間自体は、人為的に変えられない、外的条件と理解されている。一方で「社会」は明治の近代化によって輸入された外来概念であり、いわば「建前」の日本を支配するが、本当の意味で信じられているわけではない、というのだ。

明治以来、一五〇年にわたって、近代国家を建設、運営してきた私たちであるが、もしかすると基礎が不安定のまま、高いビルを建設してしまったのかもしれない。そのような国は、少し強い風が吹くと、容易に揺らぐだろう。最近の過剰ともいえるバッシングは、もしかするとその兆候の一つではないだろうか。また、そうすることで私たちの社会は、本当に考えなければならない、より大きな問題から逃げてはいないか。

阿部氏が亡くなって今年(二〇一六年)で一〇年になる。彼の問題提起を引き受けてのさらなる検討が一部では進んでいるものの、まだこの問題に対して私たちは真っ正面から取り組んでいるとはいえない。一方で、この種の論点も、アカデミズムとジャーナリズムの両方に関わる側面が大きいと思われる。また、詳細は省くが、二つをつなぐ態度は他にも色々な意味で有益だ。本コラムでは、そのような観点も含め、今後もさまざまな議論を提起できればと思っている。

(二〇一六年四月一五日)

「ゆとり世代批判」の貧困

個人的な話で恐縮だが、日本テレビ系で放映されている『ゆとりですがなにか』というドラマを、毎週楽しみにしている。元々私は宮藤官九郎(くどうかんくろう)氏の脚本が好きで、彼の作品はよく見ているけれども、本作はこれまであまり目立たなかった、社会批評的なテイストが光っているのが特徴だと思う。

概略をごく簡単に述べよう。主人公の三人は、食品会社から出向している居酒屋チェーンの店員、小学校の教員、そして毎年東大を受験している風俗店の店長である。一見、接点がありそうにない彼らだが、いわゆる「ゆとり世代」であるという点だけは共通する。物語は、登場人物たちがいくつかの「事件」を通して人間的に成長していく姿を描いていく。キャスティングも素晴らしい。同時に、私たちの社会が抱える、あらゆるタイプの「コミュニケーション不全」や「無責任」を、まるで見本市のように次々と繰り出してくるところは、ある種の凄(すご)みを感じさせる。

矛盾する「ゆとり批判」

さて、このドラマの題名には、私たちの社会が、特定の世代を「ゆとり世代」と勝手にレッテル貼りし、しばしば否定的な意味でこの言葉を使っている現状に対して、異議申し立てを試みる意図があるのだろう。実のところ、少し調べてみると分かるが、この「ゆとり世代」という言葉のよって立つ基盤はあいまいだ。

まず、多くの人は「ゆとり教育を受けた人たちがゆとり世代だ」と漠然と理解しているだろうが、そもそも旧文部省、そして現在の文部科学省は「ゆとり教育」という言葉を公式にはほとんど使ってこなかった。しかも戦後、学習指導要領は何度か大きく改訂されたが、「受験戦争」や「詰め込み教育」などへの批判をうけ、すでに一九七七年には「ゆとりある充実した学校生活を実現」へと政策の舵(かじ)を切っている。私は四八歳だが、学生時代、「君たちは勉強する内容が減ったんだよ」と教師が言っていたのを覚えている。そのような観点でいえば、私自身も「ゆとり世代」と呼べないこともない。

その後も指導要領は一九八九年告示、また一九九八年告示に基づいて改訂されたが、特に後者では完全学校週五日制が導入されたこともあり、学力低下を懸念する声が広がった。さらに、二〇〇三年の経済協力開発機構(OECD)の学習到達度調査(PISA)で、日本の平均点が落ちたのだが、その原因を「ゆとり路線」に求める識者も多かった。このような背景から、特に、この一九九八年の指導要領で教育を受けた人たちが「ゆとり世代」と呼ばれるようになったと考えられる。

二〇〇八年の学習指導要領の改訂は「ゆとり教育からの決別」と受け止められたが、実は基本的な精神に変更はなかった。事実の暗記よりも本質的な意味での「考える力」を育てることを重視しており、これは「知識社会」とも言われる現代において、とりわけ先進諸国においては、とても大切な能力といえる。

さらに二〇一二年のPISAで平均点が上がった時も、主なメディアは「ゆとり脱却の効果」と報じたが、そもそもこのテストを受けたのは小学校の時から「ゆとり教育」を受けてきた生徒たちであり、むしろそのおかげでPISAの成績は上がったのではないかという意見もある。実際、PISAは知識自体よりも、その活用を問うタイプの設問が多い。

「ゆとり批判」の裏には、新しいタイプの教育の実態をよく知らない、「上の世代」の不安感があるのかもしれない。

このほかにも、「ゆとり教育批判」は、精査すると矛盾する点も多く、改めてよく考えてみる必要がある。たとえば、佐藤博志・岡本智周共著の『「ゆとり」批判はどうつくられたのか』(太郎次郎社エディタス、二〇一四年)は、背景事情が多角的に掘り下げられた好著だ。

「ゆとり」軽視が意味するもの

一九九二年一一月、国民生活審議会は、「ゆとり、安心、多様性のある国民生活を実現するための基本的方策」という答申を当時の宮澤首相に提出した。その頃の日本は、経済統計上は世界最高レベルに達していたはずなのに、長時間労働や住宅事情の悪さといった国民の生活実態があり、必ずしも

「豊かさ」が実感されていないという問題意識が共有されていたのだ。これに対して、来たるべき時代には、この「ゆとり」「安心」「多様性」の充実が重要であると理解されていたのである。

しかし四半世紀が過ぎた今、ここで述べたように「ゆとり」は、むしろ揶揄(やゆ)の含みすら帯びているのに対し、「安心」は――その充実度が十分かどうかは措くとしても――より一層、関心が高まっている。一方「多様性」については、最近、いわゆる「一億総活躍社会」の影響もあってか、やや注目されてきたようにも感じるが、ＯＥＣＤ諸国と比べてみれば、依然としてその内実は乏しいと言わねばなるまい。

「安心」の重視と、「ゆとり」や「多様性」の軽視は、平成に入ってからの、この社会が向かっている方向性を象徴しているようにも思われる。かつて、最適化された工業化社会を完成させた日本が、冷戦の終結・グローバル化という環境条件の激変に対して、適切な対応を打てなかったことと、それは深いところで結びついているのではないか。

少なくとも、何重もの意味で生産的でない「ゆとり世代批判」は、やめた方がよい。今回のドラマは、この社会に最も足りないのは、未来を変える私たちの「勇気」、それ自体ではないかと感じさせてくれた。最終回が楽しみだ。

（二〇一六年六月一七日）

トランプ大統領誕生が意味するもの

「時代の節目」というものは、その規模が大きい場合、渦中にいる者には分かりづらい。とりわけ、世が変わり始めた最初の段階では、新たな時代に入りつつあることに、なかなか気づかないものだ。

二〇一五年私は、『文明探偵の冒険――今は時代の節目なのか』という新書を上梓した(講談社現代新書)。これは、時代の節目とは何か、またそれが生じる原因や背景、いかなる要因が節目の規模を決めるのかなどについて、さまざまな角度から探っていくという試みだ。

詳細については別の機会に譲るが、そもそもこのような一風変わったテーマで本を書こうと思ったのはなぜか。それはやはり、今が「本格的に」時代の節目ではないか、と感じていたからである。

「本格的」とは、要するに長い周期の節目ということだ。たとえば、一〇年続いたことが終わるという節目よりも、一〇〇年ぶりの節目の方が本格的であろう。

「時代の節目」が見えにくい理由

さて、私たちが節目の到来に気づきにくい理由は、色々考えられる。

まず、社会心理学者が明らかにした、「正常性バイアス」がヒントになる。これは、自分にとって不都合な出来事が起きても、「きっと大したことではないはずだ」と、つい都合よく解釈してしまう心理的な特性のことである。実際、二〇〇三年に韓国で起きた「大邱(テグ)地下鉄放火事件」では、煙が充満しているにもかかわらず、乗客が逃げようとしない姿を撮った写真が残っている。その結果、二〇〇人近い犠牲者を出す歴史的な大事件となった。原因の一つには、この心理的メカニズムの悪影響があったとされている。

もちろん、普段と違うシグナルを検知したからといって、それが真に警戒すべきものの前兆を捉えているとは限らない。だから私たちは「まれなことは、まず起きない」という「常識」によってフィルターをかけ、認知的な負荷を軽減させて暮らしている。だがこれは要するに、センサーの感度を鈍くする、ということだ。目先のことに集中しているうちに、時代に追い越されていた、ということも起こりうるだろう。

もう一つ、私たちの世界が、個別の要素が互いに作用し合う「システム」として存在していることも、「時代の節目」が見えにくい理由かもしれない。たとえば精密な機械では、その部品の一つが故障しただけで機能しなくなることがよくある。これは逆に言えば、機械を組み立てていき、最後の部品を組み込んだ瞬間、やっと全体が動き出すということである。大きな時代の変化も、その本質がシステムとして作動するものならば、新時代の要素のほとんど全てがそろったとしても、最後のピースがはまるまでは、私たちはそれを認識できないことになる。

　他にも理由はあろうが、いずれにせよ私たちは、「時代の節目」というものを、基本的には回顧的に認識するよりないのだろう。だから大多数の人たちが「これは時代の節目ではないのか」などと思い始めた時には、世界はもうすっかり新時代にのみ込まれた後、ということになる。

新時代に向き合う覚悟を

　実に長い前置きになった。私は、米大統領選でのトランプ氏の勝利はある意味で、その「最後のピース」だったようにも感じている。では、この変化の流れの始まりは、どこまでさかのぼれるのか。どのくらいの長さの周期の節目なのだろうか。

　これは簡単な問いではない。だがトランプ氏の登場は少なくとも、欧州統合というプロジェクトに対して英国民から離脱の意思が示されたことや、近年の世界各国におけるナショナリズムの高揚などと、同期していると考えられる。そこに浮かび上がってくるのは、いわば「国家の逆襲」である。グローバル化の中で弱体化していくかに見えたそれが、再び主役の座を占める時代に逆戻りしたことは、ほぼ間違いないのではないか。これは「冷戦後」という時代の終焉をも意味するはずだ。

　ただ、今が別のもっと長い周期の節目と重なっている可能性もある。

　たとえば、トランプ氏の身もふたもない言葉遣いに人々が票を投じた本当の理由は、長年、アメリカ人を支えてきた重要な軸の一つが折れたためではないだろうか。かつてメイフラワー号に乗って新大陸に渡り、自らを「神に選ばれし民」と信じ、歯を食いしばって、世界に対しておせっかいなまでに「理想の旗」を掲げ続けてきた、あの真面目なアメリカ人たちは内心、そろそろやせ我慢も限界だ、と思っていたのかもしれない。そのような集合的無意識と、彼の穏やかならざる言葉が見事に共鳴してしまったのではないか。

むろん、米国が内向きになることは過去にもあったから、この見立ては軽率かもしれない。だが仮に正しいとすれば、米国は建国以来の大きな曲がり角に来たことになろう。

ともかく、状況の深刻さについて、各国政府もメディアも専門家も、適切に評価できていなかったことは、事前の選挙予想に顕著に表れている。とりわけエスタブリッシュメント（既得権層）と言われる人々ほど、「正常性バイアス」にとらわれる傾向が強かったように思う。

今のところ、日本政府の対応も、ほぼ従来通りのままだ。確かに、トランプ政権は未知数の部分も多いが、本質的には、「次の時代」に私たちがもう投げ込まれていると覚悟すべきだろう。さもなくば、いたずらに時間を浪費することにもなりかねない。トランプ氏の言葉を都合よく解釈せず、新時代と真っ正面から向き合うことが、求められている。

（二〇一六年一一月一八日）

新時代の教育改革

先日、大学入試センター試験が行われた。強い寒波の影響もあって各地で大雪が降り、開始時間を繰り下げる試験場も、例年以上に多かったという。冬の入試は、雪などの悪天候や、感染症の流行と重なる場合も多い。ただでさえ試験は緊張するものだから、受験生やその家族の心配は、並大抵のものではないだろう。

時折、そのような困難を乗り越えての入学だから価値があるのだ、というような意見を聞くことがある。だが、その解釈は「通過儀礼」そのものだ。人類学者は、抜歯や入れ墨など、苦痛の大きな儀礼が行われる社会集団が存在することを明らかにしてきた。心理学者はそのような習慣の背景には、メンバーシップを得るのに苦労をすると、その組織自体の価値が高いと人間は「勘違い」する、という現象があることを見いだしている。これは、集団の維持や権威付けには役立つだろうが、実質的な組織の価値とは関係ないだろう。

二一世紀の今、大学入試の社会的役割が単に通過儀礼であって良いはずもないのだが、とにかく、こと教育に関してこの社会は、入試へのこだわりが強すぎるように見える。今回はこの点を掘り下げてみたい。

工業化社会に適合的だった「旧来の教育」

まずは最近の状況を少し確認しておこう。現政権は、新たな時代に対応できるよう大規模な教育改革を進めている。その一環として、高等学校、大学、そして大学入試の一体的な検討を行うために、「高大接続システム改革会議」を設置し、二〇一六年、最終報告書が公表された。

そこでは冒頭で、これからの時代に向けた教育において特に重視すべき要素として、以下の三つが挙げられている。(一)十分な知識・技能、(二)それらを基盤にして答えが一つに定まらない問題に自ら解を見いだしていく思考力・判断力・表現力等の能力、そして(三)これらの基になる主体性を持って多様な人々と協働して学ぶ態度、である。

(一)はともかく、(二)や(三)は新しい方向性を示しているように見えるかもしれない。だがこれも、すでに一九八〇年代に議論され、一九八九年告示の学習指導要領で示された「新学力観」と、かなり共通する考え方である。そう考えると今回の「大改革」も、古くからの宿題に取り組む作業の途中、といえるかもしれない。

それではなぜ当時、このような改革が必要だと認識されたのだろうか。それは結局のところ、日本も西欧諸国の後ろを追いかける時代を卒業し、世界の最先端プレーヤーの一人として生きていかなくてはならなくなったからであろう。

日本は戦時体制に作られたある種の統制経済をベースに、戦後、輸出型の工業化社会を完成させることに成功した。現在、私たちが懐古的に「日本的」と呼ぶそのほとんどは、この工業化社会に適応した仕組みの名残である。冷戦構造という特殊な国際状況において、五五年体制による政治的安定が実現、そのような環境における、護送船団方式による官民協調の社会システムは、非常に高いパフォーマンスを発揮したのである。オイルショックや日米貿易摩擦なども乗り越え、なんとか一九八〇年代までは維持できたこの仕組みも、しかし、冷戦の終結とグローバル化の波のなかで、苦難の時代に入る。

実は教育システムも、このような工業化社会に適応した面があったと考えてよいだろう。均質な工業製品を作るためには、集団作業を規則正しく行う能力が重要になる。日本の初等中等教育で、長いこと協調性や集団行動が重視されてきたのは、そのことと無関係ではないだろう。

一発勝負より過程重視を

しかしかなり前からこの社会に不足しているのは、たとえば個性的なアイデアを生み出す力や、高いコミュニケーション能力によって人々を結びつけ、事業を現実化させていく力、といったものであるはずだ。

このように書くと「だから教育改革を加速すべきだ」と考える方も多いだろう。しかし、教育という分野は人間を相手にしている、という点も私たちは忘れてはならない。

企業ならば、四半期ごとに結果が出て、それをすぐに経営方針に反映できる。しかし、人間を育てることについては、その結果が出るまでには非常に長い時間がかかる。それは数十年でも足りないほどだ。その意味で、拙速な改革はやるべきでないし、そもそも教育者を育てるのにも時間がかかるので、簡単に改革を実現できるものでもない。

それでは具体的にはどうすべきなのか。難しい問題だが、大学については、まずは「入学」よりも「卒業」に重きを置くことから始めるのはどうだろうか。全国一斉の「真冬の一発勝負」よりも、数年間の学びのプロセスで評価するのだ。入学・卒業のタイミングは、人それぞれで良い。入り口は広く、出口は厳しくする。単位互換制度も拡充し、米国の大学生のように、自分に合った学びの場を求めて大学を移るのも、推奨されるべきではないか。

これは当然、教育だけの問題ではなく、企業の採用の在り方にも影響する。そこは難しいなと思われた方も多いだろう。だが企業も今や、春の一括採用には限界を感じているのではないか。徐々にでも、重心を移していくべきではないだろうか。

教育は手間がかかるし、どこか不満が残る。しかしそれは、人間というものの複雑さを反映している。時代の大きな流れと、生身の人生のバランスをとる努力を、私たちは真面目に続けていかねばなるまい。

（二〇一七年一月二〇日）

「冷戦後」の終わり

冷戦終結から三〇年

個人的な話から始めたい。

一九八九年夏、大学三年生だった私は、友人二人とともにヨーロッパを旅した。限られた予算のなかで、できるだけ多くの都市を回るというのが、私たちの方針であった。この旅の後半では、社会主義体制の国を訪れるという、「野心的な」プランも含まれていた。最初に入った東側は、ハンガリーである。私たちは鉄道で、ウィーンからブダペストに向かった。途中、列車に自動小銃を持った係官三人が乗り込んできて、パスポートを見せろと言われた時は、正直怖かった。だが、ブダペストに到着すると、想像以上に活気があり、ほっとした。

私たちは国営の旅行会社に「民泊」を斡旋(あっせん)してもらい、一般家庭に、一晩だけお世話になった。三世代が同居するその家族は、言葉がまるで通じないのに、とても親切にしてくれた。ハンガリーは何を食べてもおいしく、社会主義も悪くないかも、などと思った。

しかし旅の最後、東ベルリンに入った私たちは、愕然(がくぜん)とした。東西ベルリンを分かつ検問所「チェックポイント・チャーリー」から東側に入ると、まず一定額を強制的に両替させられた。街の広場のベンチには、無気力な表情の人たちが座っていた。せっかくだから声をかけてみようと近づくと、すぐに逃げてしまう。秘密警察「シュタージ」がどこかで監視していたのかもしれない。

店に入っても、まともな商品はない。仕方がないので喫茶店に入り、コーラ・フロートを頼んでみた。にこりともしないウェイトレスが、コーヒー牛乳のようなものを持ってきた。英語が通じなかったのかなと思った。だが飲んでみると、アイスクリームが全部溶け、完全に気の抜けたコーラに混じっていたのだ。この社会は、もう先がない。私たちはそう思った。

夢のような夏休みも終わり、大学の講義も始まったその秋、驚くべきニュースが飛び込んできた。あの「壁」が崩れたというのだ。その後は、あれよあれよという間に、ヨーロッパの社会主義政権が倒れていった。私たちは、ハンマーで壁を叩き壊す人々の映像を見ながら、人間の「底力」を信じられる気がした。そして当然の類推として、朝鮮半島の二つの隣国も、ほどなく統一すると思ったのである。

冷戦後の環境変化にうまく対応できなかった日本

あれから三〇年近くが経った。振り返ってみれば冷戦の終結は、私たちの国にとっては、どうやらあまり有利ではなかったようだ。

そもそも「鉄のカーテン」の存在は、西側諸国にとっては、過度な資本主義化を抑制する作用を持っていた。たとえば、今から考えれば当時の自民党、特に田中派は、開発独裁の匂いが強かったものの、地方への富の再分配を強く進めたという点で社会主義的であったし、東側の諸国ともさまざまなルートでつながりを維持していた。そのような多元的なパイプと、日本国憲法というツールを上手に使って、当時の政権は、アメリカに対して主体性を確保すべく、踏ん張っていたという側面は否定できない。当然それは米国から見れば、本音では不快であっただろうが、東側と対峙する最前線でもある日本をむげにできない状況でもあったのだ。

だが、グローバル化する世界に投げ込まれてからの日本は、ゲームのルールが変わったことになかなか対応できないまま、相対的な地位を下げ続けた。冷戦という外的条件に、よほど過剰適応してしまっていたのだろう。良くも悪しくも平等が重視されていたこの国は、気づけばすっかり格差が広がった。一方で古い大企業は内部留保を増やすばかりで、新しい価値を生み出すことに苦戦している。

国際社会の新しい風景

ところが近年、国際社会には、また新しい風景が出現しつつある。それは「冷戦後の終焉」を示唆するものだ。今週、国連安保理で採択された北朝鮮に対する制裁も、当初案こそ強硬な内容であったものの、最終的に米国は、中ロに対して大幅な譲歩を余儀なくされた。

冷戦後の米国一強体制は、すでに「九・一一」のころから揺らぎ始めている。今後、いかなる時代がやってくるのか、さまざまな議論があるが、少なくとも、多極化に向かっていることは間違いなさそうだ。

北朝鮮の問題も、表面的には冷戦期に片付かなかった宿題が、一周遅れで顕在化しているように見えるが、実は、今後、核保有国の拡大という、危険な時代が到来することを予兆する現象なのかもしれない。

一九八九年は、昭和天皇の崩御とともに「平成」が始まった年でもある。冷戦後の世界を私たちは、平成時代の長さと同じだけ生きてきた。その「冷戦後」も終わり、別の時代が始まろうとしているなか、奇しくも、まもなく日本の元号も改められる。あの冷戦期に似た季節が、再びやってくるのだろうか。

むろん、冷戦時代と現代は、さまざまな条件が異なる。自由主義と社会主義の対立という構図が単純に復活するとも思えない。だが少なくとも、今後の日本の進む道を考える上で、当時の政治家や官僚たちが備えていた、懐の深さや二枚腰の対応について、公平な目で再評価することは意義があろう。立ち現れつつある新時代の国際力学は、かなり重層的で複雑になる可能性が高いからだ。

歴史は、全く同じことは起きないが、似たようなことは何度も起こる。それは主題が形を変えて繰り返される変奏曲のようだ。時代の奏でる音色の変化に、敏感でありたい。（二〇一七年九月一五日）

ＩＣＡＮのノーベル平和賞受賞と日本

二〇一七年のノーベル平和賞は、核兵器禁止条約を実現するために設立されたグローバルなネットワーク、核兵器廃絶国際キャンペーン（ＩＣＡＮ）に与えられることが決まった。現在、一〇一カ国・四六八の非政府組織（ＮＧＯ）がパートナー組織となっており、日本からも国際人権保護団体のヒューマンライツ・ナウや、国際交流を進めるＮＧＯのピースボートなどが参加している。

周知の通り、今年七月、核兵器を法的に禁止する核兵器禁止条約が国連で採択され、そのプロセスにおけるＩＣＡＮの貢献が大きく評価されたことが、受賞につながった。この組織自体は二〇〇七年に設立された比較的新しいものだが、ここに至るまでには、さまざまな運動の歴史的な積み重ねがある。

ＩＣＡＮの歩み

ＩＣＡＮの母胎となったのは、一九八〇年から活動を続けている、核戦争防止国際医師会議（ＩＰＰＮＷ）という組織である。これは人類の生命と健康を守る医療の立場から、核戦争を防ぐことを目的として、冷戦下の東西両陣営の医師たちが協力して作り上げたものだ。

極東の日本ではあまり意識されていないと思われるが、一九八〇年代前半の欧州は限定核戦争も現実味を帯び、非常に緊張が高まった時代である。一九七〇年代の米ソのデタント（緊張緩和）はソ連のアフガニスタン侵攻で崩壊。一九八一年に登場した米国のレーガン大統領は強硬姿勢に転じ、時計は逆戻りした。欧州の人々はこれに反発し、核ミサイルが配備された英国や西独のＮＡＴＯ軍基地を、「反核」を掲げた大勢の市民が取り囲むという事件も起こった。

そのような時代において強い危機感をもった人々の運動が、ＩＣＡＮのルーツなのである。一九八〇年代から数えれば、すでに四〇年近い歴史があるわけだ。そのＩＰＰＮＷも、一九八五年にノーベル平和賞を受賞している。

また、ＩＣＡＮが運動の直接のモデルにしたのは、一九九九年に発効した「対人地雷禁止条約」である。この時も、ベトナム退役軍人アメリカ基金や、ヒューマン・ライツ・ウォッチなどの諸団体が協力して地雷禁止国際キャンペーン（ＩＣＢＬ）が設立され、各国政府を巻き込む運動を展開、条約発効につながった。やはりＩＣＢＬも一九九七年にノーベル平和賞を受賞している。

このように、各国の政府に任せておくだけではなかなか解決しない世界共通の重要課題に対して、市民社会に根付いたＮＧＯが積極的な役割を果たすことで現実が動き、実際に未来が変わっていくという事例は、近年、目立っている。俯瞰（ふかん）してみればノーベル平和賞も、このような活動を節目、節目で力強くサポートする、一種の文化的・政治的なツールとも考えられるだろう。

「グローバル化」はさまざまな現象を伴うが、超国家的な課題の解決に、各国の市民が直接参画するシーンが拡大するという側面も、その一つである。むろん、その市民が属する国の政府は、市民が信じる理念を共有しているとは限らない。だが近年の世界市民的な意識の広がりは、政府とは独立して、グローバルな社会に向けて政治的なメッセージを打ち出す人々を続々と生み出し、また電子的なネットワークの普及はそれらを大いに後押しした。数年前の「アラブの春」も、そのような文脈で理解できるだろう。

一方で昨年ごろから、英国のＥＵ離脱決定やトランプ政権の誕生、欧州各国でのナショナリズムの台頭など、反グローバル的な「内向き志向」も強まっている。またアラブの春は、結果的に過激派組織「イスラム国（ＩＳ）」台頭の一因となったということも忘れるべきではない。世界は今、二つの逆向きの流れがぶつかりあう、複雑な時代に入ったと見るべきなのだろう。

日本は何をすべきか

翻って私たちの社会を見れば、このような潮流をしっかりと把握し、対応できているといえるだろうか。

今回のＩＣＡＮのノーベル賞受賞に関して言えば、日本は唯一の被爆国であると同時に、現在、北朝鮮からの核の脅威に晒されており、私たちにとっても非常に重要な意味を持つ受賞であったのは明らかだろう。

だが受賞決定の直後は、政府は公式の声明を出さなかった。日本は、核兵器禁止条約に署名・批准しない方針であることが、声明が遅れた主な理由と考えられる。確かに、核保有国や、日本と同様に「核の傘」のもとにある国々の政府も、核兵器禁止条約の交渉には参加しておらず、多くはＩＣＡＮの受賞に対して抑制的な反応にとどまったようだ。

とはいえ、先ほど挙げた日本の特有の立場を考えれば、別の対応もあり得たのではないか。昨年は、米国大統領が初めて広島を訪れて「核無き世界」を語るという、画期的なできごともあった。さまざまな国際秩序が揺れ動く今は、逆に長年の懸案を解決するチャンスかもしれないのである。

近年、教育改革などの文脈で「グローバル人材」という言葉をよく耳にするが、これを単に「英会話能力の向上」などと解釈するようでは、日本に未来はないだろう。自らの智恵と勇気で、世界的な難題の解決に取り組む真のグローバル人材を、少しでも多く送り出すことこそが、今や、「国際社会において名誉ある地位を占める」ための、最も有効な方策ではないだろうか。

今回の選挙の論戦では、あまり聞こえてこないテーマだが、そんな論点も心に留めつつ、大切な一票を投じたい。

（二〇一七年一〇月二〇日）

「失われた三〇年」の正体

平成最後の師走だから、というわけでもなかろうが、ここ一カ月、かなり驚くべきニュースがいくつも飛び込んできている。

まず、日産自動車のカルロス・ゴーン会長(当時)が、「報酬の過少記載」という容疑で東京地検に逮捕された。この事件の背景にある複雑な「力学」の読み解きを試みる記事が、色々と出ている。だが真相はまだはっきりしない。

その約一週間後、今度は中国の科学者が、最近開発された「ゲノム編集」の技術により、受精卵の遺伝子を改変した双子の女児を誕生させたと報じられた。これが事実であれば、世界の生命科学者の事実上の合意を踏みにじったことになる。まさにパンドラの箱があいてしまったのか。

今月に入ると、中国通信機器大手、華為(ファーウェイ)技術幹部がカナダで逮捕された。かねて米国は同盟国に同社の製品を使わないよう求めており、この逮捕を契機に、米中間の対立が再燃しているのは周知の通りだ。

まさに同じタイミングで、通信大手ソフトバンクのシステムに障害が発生、全国で携帯電話が使えなくなるなどのトラブルが起きた。実は英国の通信会社O2でも同時にシステム障害が生じており、スウェーデンのエリクソン社製ソフトウェアの不具合が、共通の原因だったようだ。

重要法案も、次々と通った。特に人々の関心を集めたのは、水道法と出入国管理法の改正であろう。

前者は水道の「民営化」を容易にするとされるが、内閣府の民営化の推進部署に、世界有数の水道サービス企業の関係者が働いていることが判明。また、出入国管理法改正案の成立も、それを歓迎するはずの経済界から、制度の根幹に関わる部分についての議論が足りないことに対して、懸念の声があがっている。

じりじり続けた撤退戦

これらのニュースから、時代を読み解くヒントが見えてこないか。

まず気づくのが、注目すべき事件の多くが、外国との関係や、私たちの生活にも影響を及ぼしうる、海外での出来事だ、という点である。

国際化の時代、そんなことは当たり前だ、と思われるかもしれない。だが私たちの日常にも関わる課題が国内だけでは処理できず、世界中のさまざまな問題との関係を含めて検討しなければならないというのは、決して当たり前のことではない。いつの間にか私たちは、海の向こうとの関わり方に悩まされることが、ずいぶん増えた。思い返してみれば、それが、「冷戦終結」とほぼ同時に始まった

「平成」という時代の、最も顕著な性格ではなかったか。

その理由については、多くの議論がある。だが少なくとも、単にグローバル化が進んだから、というだけではないだろう。時代の波に対して、私たちが大局観を持たないままに、じりじりと撤退戦を続けてしまったことこそが、失敗の本質ではないだろうか。それこそが「失われた三〇年」の正体と思えるのだ。とはいえ、先ほど挙げた事件群を見れば、ついにこの列島も、全面的にその「波」をかぶるようになったのかも、と思えてくる。

ところが、世界の方はさらに先を行ってしまっている。すでに時代はグローバル化三〇年のゆがみにどう対処するか、という問題意識に移ってきた感がある。ことの善し悪しは別として、米トランプ政権の登場にしても、英国のEU離脱問題にしても、また先日起きたフランスでの大規模デモにしても、本質的には「ポスト・グローバリズム時代」の到来を象徴する現象として捉えるべきだ。

同時に、世界は再び「二つの陣営」に分かれつつあるようにも見える。現在の深刻な米中対立は、その台風の目だ。しかしこれを「冷戦の再来」とするのは明らかな誤読だろう。かつての東西冷戦期とは異なり、今度の対立は、極めて濃厚な相互依存関係が同時並行で継続しているからだ。さまざまな価値観、利害関係が、複雑に絡みあい、矛盾が矛盾を誘発しながらも進んでいくような、奇妙な状況である。これについては別途また議論が必要だろう。

「心構え」が変わらなければ「世界」も変わらない

さて、問題は日本である。そもそも「日本のグローバル化状況」なるものをどう見るかは、価値判断はもちろんのこと、事実認識のレベルでも、評者の立場や観点によって大きく異なっている。だが少なくとも現在の状態は、私たちが世界情勢と真剣に向き合い、自ら選択した結果であるとは、思えない。外的条件の変化に対して、基本的に受け身の対応を重ねてきたのは事実だろう。

では、「ポスト平成」の時代、私たちはどうしたら主体性を取り戻せるのだろうか。反省すべきこと、新たに考えるべきことは山積みだが、大切なのは案外、物事に向き合う上での「心構え」なのかもしれない。

たとえば、元号が変わることをどう捉えるか。むろん今は改元で歴史が駆動される時代ではない。だが、全く影響がないと決めつけるのも早計だろう。世を動かすのは結局、人だ。もし私たちが、改元を新時代の始まりだと受け止めれば、判断や行動にも影響を与え、いつの間にか私たちの在り方が大きく変貌（へんぼう）する可能性も、否定はできない。

社会科学の世界でも、物質的な指標に加えて、「期待」が重要な要素として認識されるようになった。精神力で何でも実現できると考えるのはオカルトだが、私たちの心が変わらなければ、世界は変わらないのも確かだ。残り少ない平成という時を、新時代のビジョンを描くことに、充ててみたい。

（二〇一八年一二月一四日）

相対化するテレビの地位

「戦後」と呼ばれる時代において、重要な役割を果たしてきたモノやコトはさまざまあるが、「テレビ」の存在はやはり大きかったと言えるだろう。その影響力の強さから、かつては、評論家の大宅壮一が「一億総白痴化」を招くとして厳しく批判したほどである。

しかし近年、インターネットの普及、さらに「通信と放送の融合」といった政策の推進もあり、この社会における「地上波テレビ」の在り方は、急速に変容しつつある。

まず気づくのは広告費の変化だ。先日、広告大手の電通が発表した「二〇一八年日本の広告費」によれば、「インターネット広告費」が五年連続で二桁の成長を遂げ、「地上波テレビ広告費」とほぼ同額の、一兆七五八九億円に達したと推定されるという。おそらく今年は、両者のシェアが逆転することだろう。[1]

また、いわゆる「テレビ離れ」はとりわけ若年層で顕著であるとされる。その代わりに彼ら・彼女らが時間を費やすのが、ネットワークを介した各種の活動だ。

新しいネットの利用というと、インスタグラムなどのSNSを想起しやすいだろうが、ここで指摘しておきたいのは「ゲーム」のことだ。興味深いのは、ゲームをすること自体が、一種の表現活動となりつつあるという点である。

ゲームの進化と動画サイト

かつてのコンピューターゲームは、ハードウェアの性能上の制約から、プレーヤーの自由度は低かった。たとえば古典的なシューティングゲームは、敵を撃墜するだけだった。ロールプレイングゲームにおいては、そこにある種の「世界観」が投影されるものの、依然としてプレーヤーは、ほぼ受動的な存在であった。

しかし、コンピューターの性能やネットワークの通信速度が飛躍的に向上した結果、自由度が著しく高まり、ゲームを通じてさまざまな活動や表現が可能になってきた。

たとえば、小中学生も含め、若者たちが夢中になっているのが、広い仮想空間で活動をする「オープンワールド型」のゲームである。なかでも、広大な空間に建物や施設などを自由に構築できる「マインクラフト」は世界中で大変に人気があるソフトとして知られている。

そして動画サイトには、そのような仮想現実の世界での個々のプレーヤーの活動が投稿されており、その様子を視聴すること自体が、すでに新たな娯楽として定着している。

また、約一〇年前に「ボーカロイド」と呼ばれる歌声の音声合成ソフトが開発されたことで、ボーカルも含めて音楽全体をパソコンだけで作ることが可能になった。これにより作詞・作曲・歌の全てをこなす「ボーカロイド・プロデューサー(ボカロP)」が続々と登場、動画投稿サイトには多数の作品があふれている。二〇一八年の紅白歌合戦に出場した米津玄師も、元々は「ハチ」の名で知られる「人気ボカロP」であった。

さらに、ゲームを一種のプロモーションビデオ制作のツールと見立て、ボーカロイドによる音楽を重ねることで、新たな作品として表現するといった試みも、縦横無尽に行われている。

このような新しい表現活動において最重要のプラットフォームは目下、動画投稿サイトであろう。そのことを反映してか、二〇一七年にソニー生命保険が実施した調査では、中学生の将来なりたい職業として、男子の三位に「YouTuber などの動画投稿者」がランクインした[2]。

この国の姿を変える要因となるか

一方で、ハードウェアとしての「テレビ」は、すでに「多目的モニター」となっている。実際、新しいテレビのリモコンは、「地上波」のみならず、「YouTube」や、「AbemaTV」などの映像ストリーミングを選ぶボタンを、最初から備えていることが多い。

つまり、すでに地上波テレビは、さまざまなコンテンツの中の、一部の選択肢に過ぎないのである。

この現状を、地上波を担ってきた人たちはどう見ているのだろうか。

今クール、TBS系列で『新しい王様』というドラマが放映されていた。これは若きアプリ開発者が、東京のキー局の一つを買収しようというストーリーを軸に展開する。藤原竜也扮する主人公は、旧態依然とした放送局の経営者側を、さまざまなパフォーマンスを通して批判し、「いつか誰も(テレビを)見なくなる日が来るよ」と叫ぶ。やや既視感を覚える筋書きだが、それ以上に、ドラマ制作者自身の現在の危機感を反映しているように感じられた。

内容も興味深いのだが、このドラマは、前半は地上波で放送されたが、後半はTBSなどが出資するインターネットテレビ「Paravi」で配信するというスタイルをとった点も、注目すべきだろう。

アメリカの政治学者アンダーソンはかつて、著書『想像の共同体』において、近代国家の「国民意識」の起源として、出版資本主義の重要性を指摘した。現地語による活字メディアの興隆が、近代的な「国民」の形成に寄与したという彼の議論は、各方面に大きな影響を与えたが、現代日本における地上波テレビは、類似する役割を果たしてきたとは考えられないだろうか。

もしそうだとすると、テレビの地位の相対化は、この国の姿を大きく変える要因になりうる。これをどう考えるべきかは、私たちの社会全体に対する問いかけとして、捉えるべきだろう。日本のモダンを支えてきた条件がまた一つ、過去のものになろうとしているのかもしれない。

(二〇一九年三月二一日)

令和フィーバーに思う

「令和フィーバー」とでも呼ぶべき状況だろうか。特に四月のはじめは、お花見の季節と重なったこともあってか、人々の心はかなりうきうきしていたようにも思う。各国メディアも反応し、くしゃくしゃになった「号外」をやっとのことで手にした人の、満面の笑みを報じていた。それはまさに、極東の島国での珍しい出来事を象徴する、一コマということなのだろう。

そのような外部の視線を媒介することで、かえって正確に、自らのありようを認識できる場合もある。今月は、このできごとを通じて、私たちの姿を再確認してみたい。

まずもって、世論は明らかに歓迎ムードである。また今回の改元は天皇の生前退位に伴うものでもあり、平成の始まりなどと比べると、明るい印象がある。そのため、ある種の「イベント」として、人々は捉えているのかもしれない。言うなれば、「正月の特別版」といった位置づけではないだろうか。

発祥地で廃れたものが日本で進化

さて「元号」は、それが生まれた中国においてすら、前世紀にやめてしまった習慣である。そもそも、天皇の代替わりに併せて時代の名称を変えるのは、主権在民に馴染まないのではないか、という声もある。だが逆に、もう日本にしかないならば、大切に守っていくべきではないかと考える人も少なくない。

実は元号に限らず、発祥地ではとうの昔に廃れてしまったものが、日本に長く残存していたり、独自の発展を遂げたり、というケースは多々ある。

たとえば、寛平年間(九世紀末)に藤原佐世が編纂した日本最古の文献目録、『日本国見在書目録』には、中国側の記録にはない文献の名も記されており、東アジアの書誌学・文献学上、重要な資料とされる。また、江戸後期の儒学者林述斎は、中国ではすでに失われた文献を集めた『佚存叢書』を編集した。これが後に中国側に逆輸入され、今では本国の叢書に組み入れられている。広く知られているように、茶道、華道、書道なども、元は舶来文化だが、日本で独特の進化を遂げたものである。

さらに最近の事例では、アメリカから来た「品質管理」も、似た経過をたどったと言えるかもしれない。今では想像しにくいことだが、戦前の日本の工業製品の世界的な評価は、「安かろう、悪かろう」であった。終戦後、品質管理の専門家W・E・デミングは、国勢調査について統計学上の助言をするために来日したが、このことを知った日本科学技術連盟が、品質管理の理論について講演をするよう彼に依頼した。

これを契機として、品質管理の手法が製造業の現場に広く普及することとなる。その結果、日本の工業製品の質は急速に向上し、周知の通り世界市場を席巻するまでになった。

その後デミングは米国に帰り、特に注目されることもなく暮らしていた。ところが、日本製品が米国の製造業を圧迫するようになったことで、その原因を解明すべきだという機運が米国内で起こった。その過程でデミングの存在が再発見され、彼は晩年になって、再び品質管理の専門家として講演活動をするなど、大いに活躍したという。

実は、このような事例は、文化の側面だけではない。時間のスケールがまるで違うのだが、自然環境についても、似たようなことがある。

たとえば、「アマミノクロウサギ」という哺乳類は、世界で奄美大島と徳之島にのみ生息している。遺伝子解析により、非常に古いタイプのウサギの仲間であることが分かっているが、ではなぜ、ここだけに残っているのだろうか。

それは太古の昔、大陸と陸続きだったこの地域が、海水位が上昇したことで「南西諸島」として分離し、当時の生物が取り残され、そのまま保存されたからなのだ。大陸側ではその後、さまざまな強い動物が登場し、古いタイプのウサギは絶滅してしまったらしい。水位の上昇と下降は複数回起きており、そのたびに多くの種が残存することになったという。実際、希少種の宝庫・奄美大島は「東洋のガラパゴス」とも呼ばれている。

以上の例を通して見えてくるのは、日本という国、あるいは日本列島という存在の本質的な性格だ。それを一言で表現するならば、「多様性に富んだ周縁」ということになるのではないか。さまざまな活動の中心地から遠くに位置し、それゆえにこの列島では、古い価値が保存され、また独自の進化を遂げるのである。

その結果、外国には見られない、個性的なモノやコトが至るところに残存し、多様性に満ちた列島になった。おそらく、最近の訪日リピーターたちは、この国のそんな「面白さ」に気づいたのではないか。

「面白い国」を目指すべきか

私たちは「平成」という時代に、長い衰退過程を経験した。それは、単線的な経済発展という昭和の夢がついえたことの、後始末の時代だったといえるかもしれない。

しかし、この列島の歴史や地理を再確認し、物事をマクロに見れば、昭和の頃のように「本流＝メイン・ストリーム」で勝負しようというのは、戦略として好手ではないように思えてくる。私たちは元々、「サブ・カルチャーの島国」に住んでいるからだ。

となれば「令和」の日本は、「偉大な国」や「強い国」ではなく、「面白い国」を目指すべきではないか。海外メディアの取り上げる日本の姿を見ながら、そう感じた。

（二〇一九年四月一九日）

加藤典洋氏の「ねじれ」論

文芸評論家の加藤典洋氏が亡くなった(二〇一九年五月一六日)。彼の代表的な仕事といえば、やはり一九九五年、雑誌『群像』に発表された『敗戦後論』と、それに引き続く論考群であろう。彼の議論は、当初から論壇において強い反応を惹起(じゃっき)し、左右両方から攻撃されるという、特異な状況が生じた。だが、まさにそのことが、彼の投げかけた問いが真に意味あるものだったことの、証しではないか。もっとも、彼の問い自体は、それほど難解なものではない。誰でも薄々気づいてはいるが、敢(あ)えて目をそらしてきた、この社会に埋め込まれた「公然の秘密」に光を当てるものであったと感じる。

彼はそれを、「ねじれ」という言葉を使って表現する。

戦前の日本という国家は、周知の通り、破滅的な戦争の道へとなだれ込んでいった。むろん、戦時中も、国の方針に同意しないために弾圧される者がいた。また、「あの頃は、公然と戦争に反対することなど、とてもできなかった」という言い方を、私たちは何度も聞かされている。

しかしそれでも、現実に私たちの先祖は、総体としては、侵略戦争を行った国家の国民であったのであり、その結果、三〇〇万の自国民と、二〇〇〇万とも言われるアジアの人々の命が、失われたのである。玉音放送を経て、マッカーサーがやってくる。日本は、その思想の根本レベルから、全く新しい国に切り替わることを強いられるのだが、同時にそのことを人々が歓迎するという、不思議な状況が見られた。

この、ある種の精神転換のプロセスは、実に徹底したものであったが、そうなった理由を加藤氏は、第二次大戦というものが、かつてのような国家と国家の領土紛争などではなく、枢軸国と連合国という、国家グループ同士の「世界戦争」であったことに求めている。

すなわちそこでの敗北は、戦勝国によって道徳的な意味での「悪」として裁かれ、完全な宗旨替えを求められるというものであった。それは、日本という国がかつて経験したことのない、圧倒的な負け方であったといえるだろう。

戦後日本に横たわる「ねじれ」

こうして、戦前と戦後は、社会制度のみならず、精神的にも「切断」されることになる。その結果として「主体の分裂」が起きたと加藤氏は指摘し、そこから生じる矛盾を文芸評論の手法で解き明かしていくのだ。

たとえば「戦死者」との向き合い方、という問題に彼は注目する。人類の歴史において、共同体の犠牲となった人々に敬意を表し、集団として記憶に刻もうとする行為は、ごく普通に行われてきた。

日本も例外ではない。

ところが、「戦前を完全に否定して始まった戦後」を生きる人々から見れば、第二次大戦における自国の戦没者、特に兵士として亡くなった者については、侵略国家の構成員という、負の刻印を押された存在として受けとめられるため、その歴史的な扱いに当惑することになる。

だが時代を経て、戦争の記憶が薄れてくると、自国の戦死者を真正面から悼むべきだという考え方が広がってくる。これはある意味で自然なことなのだが、それと呼応するかのように、日本の戦争責任を無化する言説も目立ってくる、というのだ。

いずれも、この国の歴史的な「ねじれ」を引き受けることなく、一方の、いわば、すっきりした立場からしか見ようとしないことが問題の原因であると、加藤氏は考えるのだ。

さらに、憲法の問題にも「ねじれ」の否認が関わっているとする。

彼の問いに再び向き合う時

日本国憲法がGHQの強い影響下で制定されたものであることは、歴史的に明らかであると加藤氏は見る。それは、いかに優れたものであったとしても、あくまで占領軍が自国の利益を追求するプロセスの一部として、日本側に実質的な判断の自由がない占領下において、受け入れさせたものであるというのだ。

しかし、戦後のリベラル派は、それをひたすら「良きもの」として捉え、一貫して護ろうとしてきた。それが再軍備の歯止めであったことについては、彼も評価する。だがその根本に危うさを抱えていることも無視できないだろう。たとえば、もし「戦後体制」が外国の権力に与えられたものであるならば、その制定権力の心変わりによって、「悪しきもの」に変貌するかもしれないからだ。

一方で保守派とされる人々も、矛盾を軽視してきた。基本的に憲法改正を悲願としてきたわけだが、同時に、そのような憲法を「押しつけた」張本人である米国と、一貫して親密な関係を保ってきた。また国家主権の回復のために、在日米軍の撤退を求めるということもなかった。

これらの原点には、「敗けた」ではなく、「喧嘩はよくない」で始まった戦後があると彼は説く。「敗戦」による「ねじれ」を、いまだに受け入れていない、というのだ。

以上のような重い問いを提起した加藤氏が、世界が不安定化する今、世を去ったのは実に惜しい。「ねじれ」と深く関わっている米国の、世界史的な位置づけが揺らぎつつあることを思えば、なおさらだ。

「ゴジラ」を愛したことでも知られる加藤氏は、それを戦後日本が向き合うことを避け、逃げ続けてきたものの象徴と捉えていたようだ。映画『シン・ゴジラ』は、ゴジラが東京駅前で眠りにつくところで終わる。だが、いつ目覚めてもおかしくない。私たちは彼の立てた問いに、もう一度、向き合わねばなるまい。

（二〇一九年六月二一日）

研究不正――事実と虚構の壁が溶けたか

「春琴抄」という小説がある。文豪・谷崎潤一郎の代表作といえるだろう。この作品は映画やテレビドラマなどにもなっているので、ご存じの方も多いかもしれない。物語は、幼いころに病で視力を失った「春琴」という美貌（びぼう）の三味線奏者と、彼女の身の回りの世話をする弟子であり、また事実上の夫でもある「佐助」との関わり合いを、耽美（たんび）的な筆致で描いていく。

この作品の形式上の特徴の一つに、語り手（谷崎）が、「鵙屋（もず）春琴伝」という小冊子を入手し、それを手がかりに、春琴なる人物の実像や、佐助の真意などを探っていくという、一種の推理小説のようなスタイルをとっている点がある。実際、さまざまな推測が重ねられ、彼女を知る人物の証言なども出てくる。しかし推理小説とは違って、必ずしも真実に近づいていくわけではない。むしろ不明確なことも増えていくのだが、そのことによって、読む者にさまざまな想像力を喚起させるように仕組まれている。

詳しくは小説を読んでもらうよりないのだが、ともかく、この形式の巧妙さにより読者は、実は春琴や佐助がかつて実在した人物であって、その生きた証しを谷崎と一緒に拾い集めているかのような、奇妙なリアリティーを共有するようになるのだ。しかし実際は、「鵙屋春琴伝」なる小冊子は実在しないし、登場人物も全て谷崎の創作であるとされる。

実在しない論文をもとに議論を展開

前置きが長くなったが、先週報じられた、以下の事件のことを知った時、私はこの小説を思い出したのである。

報道によれば、東洋英和女学院の院長の著書に関して、そこで引用されている文献等の存在が確認できないとの疑義が、他の研究者から寄せられた。これを受けて昨年秋、学内に委員会が設置され、調査を進めた結果、彼の著書や論文に捏造（ねつぞう）や盗用があったことが認定されたのだ。こうして先週、同学院の理事会は彼を懲戒解雇とし、また版元の岩波書店は今週、当該書籍を絶版にすると発表したのである。

実在しない論文を参照して議論を展開するということは、ちょっとした「出来心」でやれるようなことではない。物語の内部にまた別の世界を作り上げ、それを再解釈するというのは、フィクションの分野であっても珍しい。「春琴抄」が現代においても高く評価されている理由の一つは、きっとその点にあるはずだ。

だがまさか、同じことを「学術研究」の場で行う者がいたとは。ただただ驚かされる。同時に、報道を読む限り、この事件はこれまでの研究不正事件とは、かなり様相が異なり、不可解な印象も与える。このことを考えるために、若干、過去に起きた不正の背景を確認しておこう。

言うまでもなく研究不正は、学術への信頼を根底から揺るがす、決して許されざる行為である。従って、不正を行ったことが明らかになった研究者は多くの場合、研究の世界からの退場を余儀なくされる。しかしながら、日本のみならず世界中で、不正は後を絶たない。その背景には、いくつかの要因があるとされてきた。

まず、よく言及されるのが、研究の世界における、近年の熾烈な競争環境のことだ。これは、科学の成果がイノベーションを生み、ひいては国家の経済発展に直結すると信じられるようになったことも、影響しているといえるだろう。今や科学者は、象牙の塔にこもってなどいられない。莫大な研究費の代償として、目に見える成果を社会に対して還元すべきだという考え方は、強まるばかりである。

その結果、研究者たちは常に成果主義の重圧にさらされることになる。とりわけ、先端的な分野でこの傾向は著しく、不正事件もまた、そのようなシーンで起こりやすいと考えられてきた。このようなことから、研究不正は自然科学系で多く、特に近年は、生命科学の分野で目立つ傾向にあったといえる。そこには、生命現象の再現性が比較的低く、不正かどうかを明らかにすることが難しいという、分野の性格も影響しているといえるだろう。

この他、国家的な威信を高めることが期待された研究において、不正が重ねられていたことが発覚したという例も、散見される。偽の「偉大な発見」を、社会全体で称賛している時には、水を差すような疑念の声はかき消されやすいのだろう。

溶ける事実と虚構の壁

しかし、現段階で判断する限り、今回のケースは、そのどれにも当てはまらない。すでに研究者としての高い評価と、十分すぎるほどの地位がありながら、なぜ、容易に露見しうるような不正に手を染めたのか。どうにも理解しがたい。

本当の動機は分からなくても、結果の重大性は明らかだ。彼が別の著書で二〇一八年、読売・吉野作造賞を受賞しているという事実や、日本のキリスト教神学において有力な論客であったこと、また、そもそも倫理の本質と深く関係している、神学の分野で起きたことなどを考えれば、この事件が日本のアカデミズムに投げかけたものは決して小さくない。

ふと、妙なことを想像してしまった。もし、「実はあの本は、ある種の小説だったのです。新しい文学表現の実験でした」などという弁明がなされていたら、と。

いつの間にか事実と虚構を隔てる壁が溶け落ちてしまったのだろうか。春琴抄に描かれた、虚実曖昧な迷宮のように。

（二〇一九年五月一七日）

「文理融合」の好奇心

本連載も、早いもので足掛け六年になる。これまでさまざまなトピックを扱ってきたが、今月は少し趣向を変え、私がこのような「理系と文系のはざまを彷徨（さまよ）う者」になった経緯について、少し回想してみたい。

私は子供の頃から、自分が生きている「時代」そのものに興味があった。こう改まって書くと難しく聞こえるが、要するに、今後、世の中は良くなっていくのか、それとも悪くなっていくのかが気になっていたのだ。時は冷戦末期。奇妙な緊張感が社会を支配していた頃の話である。

歴史から科学へ

初めて「時代」という概念を知ったのは、学校の図書館にあった歴史漫画からである。それは偉人の立身出世、あるいは栄枯盛衰の物語だった。現状を憂えた何者かが立ち上がり、人々を率いて闘い、勝利する。その結果、平和と繁栄が訪れるが、徐々に新しい矛盾が蓄積し、また別の誰かにとって代わられる。

最初は歴史も面白かったのだが、だんだんとワンパターンに感じられ、退屈になってきたことを覚えている。時代が違っても、人は同じことをするものなのかな、とも思った。

それでも、ＮＨＫの大河ドラマは好きで、欠かさず見ていた。特に忘れられないのは、若き日の二代目松本白鸚、当時の市川染五郎（六代目）が主演した『黄金の日日』である。

このドラマは、一六世紀末にフィリピンと交易し、巨万の富を築いたとされる堺の伝説的豪商、納屋（呂宋）助左衛門が主人公である。歴史の漫画も、政治家の視点で描かれていることが多かったが、これは商人の目から見た安土桃山時代だった。経済や外国との関係、庶民のリアルな暮らしなど、自分が漫画で読んできた「歴史像」とはまるで違う話が次々と登場し、本当に驚かされたものだ。

さて、歴史よりもっと好きだったのは、科学である。なにしろ、科学の本が教えてくれる「時代」はオーダーが違う。どうやら宇宙は一〇〇億年以上前の「大爆発」で始まり、地球の歴史は約四六億年だという。人類が文明なるものを開始してから、たかだか一万年に過ぎないのに、その一〇〇万倍もの時間スケールについて教えてくれる科学は、とんでもなく凄いと、小学生の私は思った。

また、その頃は、コンピューターやバイオテクノロジー、新素材など、新しい科学技術がどんどん発展していく時代でもあった。

テクノロジーこそが、さまざまな問題を解決してくれるという幻想は、その時代、世界的に共有されていたと思われるが、とりわけ日本にとっては、まさに第二次大戦における敗北を乗り越え、経済と技術で、遂に世界一になるという大目標とも、ぴったりと重なっていたのだ。

私は、そういう時代の空気をいっぱい吸い込みながら、いつしか秋葉原に通うようになっていた。当時、日本電気(NEC)は「Bit-INN」という、まるでショールームのようなサポートセンターを設けていて、そこに自社のワンボード・マイコン「TK-80」を陳列し、自由に来場者が試すことができるようになっていた。「8080」というCPUを搭載した、むき出しの基板のようなその装置は、現在のパソコンのご先祖様である。私には、それこそが眩(まぶ)しい未来に見えたものだ。

プログラム言語の入門書を手に入れ、私は必死になってコードを書いた。それが期待通りに動くかどうかを試すために、マイコンに群がるむさ苦しいお兄さんたちの間に潜り込み、キーボードを一生懸命たたいた。実のところ、自作のプログラムはほとんど動かなかったのだが、親切な周りの人たちが色々とアドバイスをくれたのを覚えている。

そういうわけで私は、科学が大好きで特にコンピューターに夢中、でも歴史も結構好き、という子供だったが、単に好奇心に駆動されていただけで、それらの関係性について考えたことなど、もちろんなかった。

現代はいかなる時代で、私たちはどこに向かっているのか

しかし中学一年の時、朝日放送系列で放映された『COSMOS』というドキュメンタリーのシリ

ーズに、衝撃を受ける。案内役の天文学者カール・セーガンは、宇宙と生命の実相を、人類の発展の歴史と重ねつつ、さまざまな角度から描いていた。そして物語の最後に力説していたのが、文明ゆえに人類が滅亡する可能性と、それを避けるための思想であった。古代の哲学から先端的な宇宙科学、また核戦争の問題まで、扱われる内容の幅の広さに、ただただ驚かされた。しかしふり返ってみれば、それは結局「科学の歴史」そのものであり、自分の今の仕事にもどこかでつながっていると思う。

私が科学史の勉強を本格的に始めたのは、理系に進み、工学部を出て、さらに役所に勤めた後であるから、かなり遠回りをした。理系をやった後、結局、文転したので、いたずらに時間を食ってしまったと思う。

一方で、現代がいかなる時代で、私たちはどこに向かっているのかという「とりとめもない疑問」は、ずっと自分の中に存在し続けている。そして、このような問題を考えるには、科学と歴史の複雑な相互作用を見ていくしかないと、今も思う。

「文理融合」が叫ばれる昨今だが、外形的には、私自身、期せずしてそんなことをやってきたのかもしれない。だが正直、あまりお勧めはしない。勉強すべきことが多く、とにかく大変だったからだ。

しかし、矛盾するようだが、たまにはそんな面倒を引き受ける志をもった若い人が、現れて欲しいとも思っている。そう、このコラムを今読んでいる、君のことだ。期待せずに、待っている。

（二〇一九年七月一九日）

ドラマが描く五輪と国家

二〇一九年のNHK大河ドラマ『いだてん〜東京オリムピック噺』は、日本人としてオリンピックに初めて出場した金栗四三と、一九六四年の東京オリンピック招致に尽力したことで知られる田畑政治の二人を軸に、時代に翻弄されながらも五輪に情熱を傾けた人々の人生を描いている。脚本は、数々の名作を世に送り出してきた宮藤官九郎。率直に言って、このドラマは面白い。

まず、表現形式が際立っている。物語を単なる群像劇として描くのではなく、全体を架空の「落語の噺」に乗せて紡ぎ出すという、立体的な表現法をとっているのだ。これに類する手法は、同じく宮藤が手がけた二〇〇五年のテレビドラマ『タイガー&ドラゴン』でも使われていたが、さらに高度化していると思う。ただし、落語と現実が次々に切り替わり、時代も頻繁に転換するため、話が分かりにくいという批判もあるようだ。残念ながら例年の大河ドラマに比べ、視聴率はかなり低い。

だが一方で、SNSなどでの評価は非常に高く、大河の常識を打ち破る画期的な作品だという声も少なくない。私自身、毎週欠かさず見ているが、この作品の魅力は、表現の面白さにとどまらない。おそらく最も注目すべきポイントは、オリンピックという「難しい題材」を扱ったこと、それ自体にあるのではないか。

このことを考えるために、まずはオリンピックの歴史、とりわけ「国家」とオリンピックの関係について、少し確認しておこう。

オリンピックの歴史

近代オリンピックを構想したクーベルタン男爵は、当初から大会に対するナショナリズムの影響を警戒していたという。現在のオリンピック憲章にも、「選手間の競争であり、国家間の競争ではない」という文言が明記されている。実際、一八九六年の第一回のアテネ大会から第三回セントルイス大会までは、ほとんどの選手は個人の資格で参加しており、基本的には国を代表していなかったのだ。たとえば、一九〇〇年のパリ大会では、男子テニスのダブルスで米・仏からなる混成チームが銀メダルを取っている。

しかし一九〇八年のロンドン大会から、国別に委員会が組織され、国同士で競うスタイルになる。この時点からオリンピックとナショナリズムの緊張関係がスタートするのだ。国家が本格的にオリンピックを政治利用するようになったのは、一九三六年のベルリン大会である。広く知られているように、聖火リレーや豪華な開会式・閉会式のセレモニーなどはナチス・ドイツの発明だ。

その後も、パレスチナ・ゲリラによるテロが起こった一九七二年のミュンヘン大会、冷戦下で東西両陣営が相互にボイコットした、一九八〇年モスクワ大会ならびに一九八四年ロサンゼルス大会など、オリンピックは幾度も政治に翻弄されてきた。

このように、近現代の政治史と関わりの深いオリンピックについて、まさに東京五輪開催の前年に、しかも社会的に注目度の高い「大河」という枠で扱うことは、実はかなりチャレンジングな仕事であるはずだ。むろん、単なる立身出世物語や、努力はきっと報われるといった、政治的に「無害な」ストーリーならば、さほどでもないだろう。だが「いだてん」は決してそんな平板な物語ではない。

「難しいこと」を表現することを諦めない

たとえば八月一八日に放送された「トップ・オブ・ザ・ワールド」の回では、一九三二年のロサンゼルス大会における、米国在住の日系人の立場や心情にも光を当てている。

この大会で日本は、主に水泳チームの活躍で、多数のメダルを獲得する。選手団は帰国のためバスで移動するのだが、街頭では市民に大いに歓迎される。

この車列の前に、日系移民の老人が一人、不意に立ちはだかる。そして彼は水泳総監督である田畑の手を取って「白人に初めておめでとうと言われた」「こんな嬉(うれ)しいことはない」と移民としての苦労の日々を語り、選手団に深く感謝するのだ。そして老人は感極まって「俺は、日本人だ」と叫ぶ。感動の一幕である。

しかしその直後、元々は日本選手団を快く思っていなかった、一人の日系人の若い女性が、"I am a Japanese-American!（私は日系アメリカ人だ）"と絶叫する。すると周囲の人々がそれに呼応し、「私はアイルランド系だ」「アフリカ系アメリカ人だ」などと次々に自らの出自を叫ぶのだ。これらの言葉によって私たちは、いわば「ナショナリズムの軛（くびき）」から刹那（せつな）、解放されるのである。

一般に、娯楽作品に社会的な要素を共存させるのは、なかなか難しいことである。もし、視聴者がそれを「説教臭い」とか「偏っている」などと受けとめれば、結局、作品としては失敗だからだ。その意味で、オリンピックと愛国心や国家主義の関係という、センシティブな問題について、逃げることなく、バランスよく描き切ったこのシーンは、まさに見事な演出だったと思うのだ。

言うまでもなく、ナショナリズムを巡る摩擦や緊張は、今、世界中で拡大傾向にある。そして私たちの社会においても、「政治的なるもの」が表現活動に干渉するという事態が、さまざまな形で顕在化している。

そんな時代だからこそ、私たちは「難しいこと」を表現するのを諦めてはいけないのではないか。私にとって「いだてん」は、言葉通りの意味で、表現することへの勇気を与えてくれるドラマである。きっと食わず嫌いの方も多いと思う。そんな方も一度、ご覧いただければ。

（二〇一九年八月二三日）

「安全安心」とリスク

本コラムのタイトルの「安心」という文字は、少し傾いている。五年前、この連載が始まる時、安心が揺らぐ時代性を表現できれば、という私のリクエストに、デザイナーさんが応えてくれたのだ。

この言葉は元々、仏教用語であった。仏を信じることにより心が安定して不動の状態になる様子を意味していた。現在では、心に気兼ねがない状態を指す、日常的な言葉になっているわけだが、特に平成に入った頃からは「安全」の語と一緒に使われることが増えた。「安全安心の確保が急務」といった言い回しが典型例だ。

この二つの言葉の意味は似ているが、同じではない。基本的に前者は客観的な、後者は主観的な状態を意味すると考えられる。しかし、特に社会問題の文脈などで使われる時は、必ずしもそう単純に割り切れない場合もある。この点は、二年半前に豊洲市場への移転問題が注目されていた頃にも、ここで一度議論した(Ⅳ部「豊洲市場のベンゼン騒動」)ことがあるので、今回は繰り返さないが、興味深い論点だ。

ともかく「安全安心」は、すっかり一般的な用語になった感がある。しかしそもそも、なぜこの言葉が多用されるようになったのだろうか。

普通に考えれば、安全や安心が損なわれるような、災害や事故、事件、社会問題などが多発しているから、という説明になるだろう。だからこそ、本コラムの題名にもなっているのだが、それでもまだ疑問は残る。それは、社会的には「危険」が前景化しているというのに、なぜ私たちは「安全安心」という反対語を使うことが増えたのか、という点だ。

「リスク」は日本にいつから広まったか

このことを考察するために、まず「リスク」に注目してみよう。この言葉は、安全や安心に関わる議論においてしばしば使われ、本コラムの頻出ワードでもある。言うまでもなく英語の"risk"のカタカナ表記であって、「危険性」と訳されることもあるが、しかし、それだけではこの言葉の持つ本義は伝わらない。

語源を同じくする言葉は西欧語に広く見いだされるが、いずれも単に「危ない」という意味ではなく、能動的に行動することに伴う「好ましくないこと」を指す言葉である。いわば「冒険」によって、なんらかの価値を得ようとする際のマイナス面が、「リスク」なのだ。

この言葉が一七世紀に英語の語彙(ごい)に現れたという事実を、強調しておきたい。つまり、欧州において近代的な精神が立ち現れ、中世の宗教的な支配から西洋人たちが自由になっていく時、登場した言葉なのだ。人々は近代というプロジェクトを開始する際に、自由と責任とリスクを同時に引き受けた、ともいえるだろう。

　では、日本でこの「リスク」という言葉が使われ始めたのはいつ頃だろうか。一度、調べてみたことがあるのだが、一九九〇年代半ばくらいから徐々に一般的な用語になっていく。それ以前は、もっぱら金融や保険の世界の言葉だったようだ。ちなみに、二〇〇〇年代前半のことだったと思うが、自分の原稿に「リスク」を使ったところ、編集者から「この言葉はあまり一般的ではないので、『危険性』でどうか」と言われた記憶がある。

　一九九〇年代は、冷戦体制が終わり、グローバル化の波が日本にも押し寄せた時期である。いわゆる「護送船団方式」なども過去のものとなり、この社会に新自由主義的な成分が浸透していった。それと歩調を合わせるように、この「リスク」という言葉も一般化したのだ。

　そして実は、「安全安心」が多用されるようになったのも、同じ時期である。ここで一つの仮説が思い浮かぶ。日本社会が「リスク」という異物と遭遇した結果、いわばアレルギーのように生じた反応の一つが、「安全安心」という言葉の流行だった、とは考えられないだろうか。

　日本には「忌み言葉」という慣習がある。会を閉じることを「お開きにする」と言ったりするわけだが、「リスク」について語ることが一種の「忌み言葉」と捉えられ、「安全安心」に言い換えられたのかもしれない。

日本の近代化と「リスク」

もちろん、リスク自体が「危険」を意味するわけだが、この言葉が不吉に見えたのは、「能動的」という含意の影響もあったはずだ。

近代社会では、原則、リスクをとるにはまず自由が前提とされなければならない。そしてリスクをとって行動すれば、その責任が生じる。しかし、ちょうど一年前の本コラムでも議論した(IV部「自己責任論の思想」)が、日本語の「責任」という言葉は、集団内での「役割」の意味で使われることが多い。たとえば、会見場で謝罪する人たちは、リスクをとって能動的に決断した結果、失敗したから謝るという場合もあるが、むしろ当該の組織において所与の役割を果たせなかったことを世間に詫(わ)びていることの方が多い。そう考えなければ理解できない謝罪会見が、繰り返されている。

そもそも「リスク」がカタカナのままというのも一つの証拠であって、この概念を私たちの社会は、まだ消化できていないのではないか。

以上の検討から見えてくるのは、「日本の近代」なるものの「中途半端さ」である。もっとも、それをどうとるかは意見の分かれるところだろう。グローバル化や新自由主義をどう評価するか、またそれらと近代化が本質的にいかなる関係にあるかは、議論が続いているからだ。

日本の近代化とは何か。米国の一極支配が弱まり、世界が多極化に向かいつつある今、私たちはまた、この問いと向き合わねばなるまい。

(二〇一九年一一月二二日)

注

Ⅰ　感染症のリスク

二六年ぶりに日本に現れた豚コレラ

（1）家畜伝染病予防法が改正され、現在は「豚熱（ぶたねつ）」に名称変更。
（2）現在の名称は「豚熱ウイルス」となっている。
（3）現在は「アフリカ豚熱」と呼ぶ。
（4）二〇二〇年、アメリカと中国でワクチンが開発されたと報じられた。

Ⅱ　自然災害と地球環境のリスク

御嶽山の突然の噴火

（1）二〇一五年七月三一日、一人の行方不明者の遺体が発見され、二〇二〇年三月末現在、死者五八人、行方不明者五人となった。

(2) 二〇一四年の御嶽山の噴火を踏まえ、現在は五〇となっている。
(3) 現在は一つ増え、一一一。

繰り返す豪雨災、力ずくの治水の限界

(1) その後発表された報告書では、六二二三人が避難、五〇〇〇棟以上が全半壊したとされる。

地震のリスク――予知より「備え」に智恵を

(1) 二〇一七年以降は「南海トラフ地震」を対象とする制度に変更されており、現在は東海地震のみを対象とする運用は行われていない。

未来のリスク

(1) 二〇一六年八月一四日に遺体で発見された。

新潟県糸魚川・アスクル火災の教訓

(1) 後に一四七棟に修正された。

地質学と「チバニアン」

(1) 二〇二〇年一月、IUGS(国際地質科学連合)は正式にこの地層を「チバニアン」とすることを決定した。
(2) 二〇一八年四月一七日に伊豆半島ジオパークが加わり、現在は九カ所となっている。

世界の水問題とバーチャル・ウォーター

（1）二〇一八年夏の水害。

日本列島と自然災害

（1）最終的に犠牲者は一〇〇人を超えた。

Ⅲ　新技術とネットワーク社会

自動運転車の未来

（1）二〇一七年六月、米国家運輸安全委員会（NTSB）はこの事故に関する報告書を発表した。それによれば、衝突時は「オートパイロットモード」になっていたが、自動運転システムから運転手に対して、何度も「ハンドルに手を添えてください」という警告が出ていたにもかかわらず、運転手がそれに従わなかったために、事故が起きた、としている。よって、事故原因は自動運転車にはなかった、と結論付けられている。

（2）現在は六段階となっている。

（3）現在の基準の表記では、これは「レベル五」に相当する。

「もんじゅ」と「豊洲市場」

（1）二〇一八年秋、豊洲市場での取引が始まった。また「もんじゅ」は二〇一六年一二月、廃炉が正式決定された。

Ⅳ　市民生活の「安全安心」

バンコク爆破テロとリスク社会

（1）タイ当局は後に、男二人を殺人などの容疑で逮捕・起訴した。しかし多くの関係者が逃亡したとみられている。

「プロのモラル」

（1）二〇一五年九月に発覚した、ドイツのフォルクスワーゲン社による排ガス規制を逃れるための不正ソフトウェア使用事件のこと。

高齢ドライバーの事故

（1）後に、この男性は認知症を理由に不起訴となった。

高齢化社会と法医学

（1）このドラマの第一話「名前のない毒」では、MERS（中東呼吸器症候群）コロナウイルスが取り上げられており、人々がマスクをして警戒する姿や、感染症の拡大に伴う個人攻撃や差別のことも描かれるなど、二〇二〇年に現実に日本に起きた状況を、まるで予言するかのような内容であり、改めて評価された。

（2）その後、二〇一九年六月に死因究明等推進基本法が成立、二〇二〇年四月から施行されている。

V　時代の節目を読む

相対化するテレビの地位

（1）二〇一九年、実際にインターネット広告費が地上波テレビを抜いた。

（2）二〇一九年には、「YouTuber などの動画投稿者」が一位となった。

あとがき

最後に、現時点でＣＯＶＩＤ−19について感じているところを述べ、これをもって、あとがきに代えたい。

あまたの歴史書が教えてくれるように、洋の東西を問わず、人類の歩んできた時代のほとんどは、戦乱や天変地異、疫病や飢饉に満ちていた。世は乱れ、日々を生き抜くだけで精一杯、そんな時代が何度もあったことを、私たちは知っている。

それらに比べれば、私たちが生きるこの時代は、とりわけ日本を含めた先進諸国では、そのような「むき出しの危険」が支配することは、非常に少なくなっている。もちろん、本書で繰り返し見てきたように、自然災害や環境危機、犯罪やテロ、そして感染症の拡大といった難題に、私たちはしばしば、さいなまれるわけだが、それでも、かつて人類を襲った危機の凄まじさは、まさに桁違いである。

たとえば、一四世紀の欧州では、実に、人口の三人に一人が亡くなるような恐ろしいペストが流行した。さらに時代をさかのぼれば、中国の後漢の末から、魏呉蜀の三国時代の約三〇年間において、戦乱と飢饉により人口がおよそ七分の一に減ったという推定がされている。想像できないほどの惨状だ。

一方、目下、拡大中の新型コロナウイルス感染症に関して、トランプ大統領は先日、最悪の場合、米国で二二〇万人が死亡するかもしれないというショッキングな数字を示し、世界を驚かせた。もしそうなれば米国の建国以来の危機であろう。しかし仮にそうなったとしても、数字の上では、九九％以上の米国人が、コロナ禍を乗り越えて生き延びることになる（むろん、とてつもない事態だが）。

決して現在の状況を軽視したいわけではない。かつての人類の経験が、いかに凄まじいものであったか、そして、私たちはみな、そのようなとんでもなく厳しい時代を乗り越えた者たちの子孫であるということを、ここで改めて強調しておきたいのだ。

猖獗を極めるこの病も、一年後か二年後か、場合によってはずっと先になるかもしれないが、何度か感染拡大を繰り返しながらも、いずれ、世界はこのウイルスに打ち克ち、あるいは「共存の道筋」をなんとか見つけることで、事態は徐々に収束していくだろう。

しかし、そのプロセスにおいて、世界システムは大きく様変わりをしていくに違いない。「人の死亡確率」という点では、かつての戦乱や飢饉、疫病とは比べものにならないほど「小さい」はずのこの病も、グローバル化やリスク社会化が進み、また世界中で貧困と格差が広がりつつある現代においては、さまざまな点で、非常に重い影響を与えると考えられるからだ。まさに「時代の節目」である。そのような「ポスト・コロナ・ソサエティ」の形については、今後も、引き続き考えていきたい。

末筆ながら、本書の元となる連載でお世話になった朝日新聞社の皆さん、またこの本を世に出す機会を与えてくださった岩波書店の伊藤耕太郎さん、そして、日ごろの活動を支えてくださった同僚や友人、そして家族に、感謝申し上げたい。

二〇二〇年四月一二日

神里達博

松尾豊『人工知能は人間を超えるか』角川 EPUB 選書，2015
丸山眞男『現代政治の思想と行動』未來社，1956–7，（新装版）2006
村上陽一郎『科学者とは何か』新潮選書，1994
山本太郎『感染症と文明』岩波新書，2011
米本昌平『遺伝管理社会』弘文堂，1989
ワート，S. R『温暖化の〈発見〉とは何か』増田耕一他訳，みすず書房，2005

翔泳社，2000，（増補改訂版）2001
黒木喬『江戸の火事』同成社，1999
黒木登志夫『研究不正』中公新書，2016
黒沢大陸『「地震予知」の幻想』新潮社，2014
小林一輔『コンクリートが危ない』岩波新書，1999
小林傳司『トランス・サイエンスの時代』NTT出版，2007
酒井シヅ『日本の医療史』東京書籍，1982
佐藤博志・岡本智周『「ゆとり」批判はどうつくられたのか』太郎次郎社エディタス，2014
島村英紀『火山入門』NHK出版新書，2015
城山英明編『大震災に学ぶ社会科学 第3巻　福島原発事故と複合リスク・ガバナンス』東洋経済新報社，2015
鈴木達治郎『核兵器と原発』講談社現代新書，2017
セーガン，C『COSMOS（上・下）』木村繁訳，朝日新聞社，1980，（朝日選書）2013
（一社）全国地質調査業協会連合会・他編『ジオパークを楽しむ本』オーム社，2013
竹下俊郎『メディアの議題設定機能』学文社，1998，（増補版）2008
谷崎潤一郎『春琴抄・盲目物語』岩波文庫，1986
中島秀人『フォーラム共通知をひらく　日本の科学／技術はどこへいくのか』岩波書店，2006
西村亨編『折口信夫事典』大修館書店，1988，（増補版）1998
橋本淳司『水がなくなる日』産業編集センター，2018
Bastiaan M. Drees, *Medical Problems and Treatment Considerations for the Red Imported Fire Ant*, Texas A&M AgriLife Extension Service, 2012
速水融『近世日本の経済社会』麗澤大学出版会，2003
広瀬弘忠『人はなぜ逃げおくれるのか』集英社新書，2004
藤垣裕子『専門知と公共性』東京大学出版会，2003
藤竹暁『環境になったメディア』北樹出版，2004
ベック，U『危険社会』東廉・伊藤美登里訳，法政大学出版局，1998
マクニール，W. H『疫病と世界史（上・下）』佐々木昭夫訳，中公文庫，2007

読書案内／参考文献

阿部謹也『「世間」とは何か』講談社現代新書，1995

アリエス，P『〈子供〉の誕生』杉山光信・杉山恵美子訳，みすず書房，1980

アンダーソン，B『定本 想像の共同体』白石隆・白石さや訳，書籍工房早山，2007

岩瀬博太郎『死体は今日も泣いている』光文社新書，2014

岩瀬昇『石油の「埋蔵量」は誰が決めるのか？』文春新書，2014

ウッド，R. M『地球の科学史』谷本勉訳，朝倉書店，2001

大熊孝『洪水と治水の河川史』平凡社，1988

小川勝『オリンピックと商業主義』集英社新書，2012

沖大幹『水危機 ほんとうの話』新潮選書，2012

オルテガ『大衆の反逆』桑名一博訳，白水社，1975

片岡龍峰『宇宙災害』化学同人，2016

加藤典洋『敗戦後論』ちくま学芸文庫，2015

神里達博『文明探偵の冒険』講談社新書，2015

神里達博『ブロックチェーンという世界革命』河出書房新社，2019

神里達博「リスク社会における安全保障（セキュリティ）と専門知」（鈴木一人編『シリーズ 日本の安全保障 第７巻　技術・環境・エネルギーの連動リスク』岩波書店，2015）

神里達博「日本型リスク社会」（中島秀人編『岩波講座 現代 第２巻　ポスト冷戦時代の科学／技術』岩波書店，2017）

萱野稔人・神里達博『没落する文明』集英社新書，2012

北尾利夫『知っていそうで知らないノーベル賞の話』平凡社新書，2011

北原糸子編『日本災害史』吉川弘文館，2006

Elisabeth Krausmann, Ana Maria Cruz and *Ernesto Salzano, Natech Risk Assessment and Management: Reducing the Risk of Natural-Hazard Impact on Hazardous Installations*, Elsevier, 2016

クリステンセン，C『イノベーションのジレンマ』伊豆原弓訳，

神里達博

1967年生まれ．東京大学工学部卒．東京大学大学院総合文化研究科博士課程単位取得満期退学．三菱化学生命科学研究所，東京大学・大阪大学特任准教授などを経て，

現在―千葉大学国際教養学部教授，同大学院総合国際学位プログラム長．朝日新聞客員論説委員．

専攻―科学史，科学技術社会論．

著書―『食品リスク――BSEとモダニティ』(弘文堂，2005)，『文明探偵の冒険――今は時代の節目なのか』(講談社現代新書，2015)，『ブロックチェーンという世界革命――価値観を根本から変えるテクノロジーの正体とは』(河出書房新社，2019)，『没落する文明』(共著，集英社新書，2012)等．

リスクの正体
――不安の時代を生き抜くために　　岩波新書(新赤版)1836

2020年6月19日　第1刷発行

著　者　神里達博（かみさとたつひろ）

発行者　岡本　厚

発行所　株式会社 岩波書店
〒101-8002 東京都千代田区一ツ橋2-5-5
案内 03-5210-4000　営業部 03-5210-4111
https://www.iwanami.co.jp/

新書編集部 03-5210-4054
https://www.iwanami.co.jp/sin/

印刷・理想社　カバー・半七印刷　製本・中永製本

ISBN 978-4-00-431836-1　　Printed in Japan

岩波新書新赤版一〇〇〇点に際して

ひとつの時代が終わったと言われて久しい。だが、その先にいかなる時代を展望するのか、私たちはその輪郭すら描きえていない。二〇世紀から持ち越した課題の多くは、未だ解決の緒を見つけることのできないままであり、二一世紀が新たに招きよせた問題も少なくない。グローバル資本主義の浸透、憎悪の連鎖、暴力の応酬――世界は混沌として深い不安の只中にある。

現代社会においては変化が常態となり、速さと新しさに絶対的な価値が与えられた。消費社会の深化と情報技術の革命は、種々の境界を無くし、人々の生活やコミュニケーションの様式を根底から変容させてきた。ライフスタイルは多様化し、一面では個人の生き方をそれぞれが選びとる時代が始まっている。同時に、新たな格差が生まれ、様々な次元での亀裂や分断が深まっている。社会や歴史に対する意識が揺らぎ、普遍的な理念に対する根本的な懐疑や、現実を変えることへの無力感がひそかに根を張りつつある。そして生きることに誰もが困難を覚える時代が到来している。

しかし、日常生活のそれぞれの場で、自由と民主主義を獲得し実践することを通じて、私たち自身がそうした閉塞を乗り超え、希望の時代の幕開けを告げてゆくことは不可能ではあるまい。そのために、いま求められていること――それは、個と個の間で開かれた対話を積み重ねながら、人間らしく生きることの条件について一人ひとりが粘り強く思考することではないか。その営みの糧となるものが、教養に外ならないと私たちは考える。歴史とは何か、よく生きるとはいかなることか、世界そして人間はどこへ向かうべきなのか――こうした根源的な問いとの格闘が、文化と知の厚みを作り出し、個人と社会を支える基盤としての教養となった。まさにそのような教養への道案内こそ、岩波新書が創刊以来、追求してきたことである。

岩波新書は、日中戦争下の一九三八年一一月に赤版として創刊された。創刊の辞は、道義の精神に則らない日本の行動を憂慮し、批判的精神と良心的行動の欠如を戒めつつ、現代人の現代的教養を刊行の目的とする、と謳っている。以後、青版、黄版、新赤版と装いを改めながら、合計二五〇〇点余りを世に問うてきた。そして、いままた新赤版が一〇〇〇点を迎えたのを機に、人間の理性と良心への信頼を再確認し、それに裏打ちされた文化を培っていく決意を込めて、新しい装丁のもとに再出発したいと思う。一冊一冊から吹き出す新風が一人でも多くの読者の許に届くこと、そして希望ある時代への想像力を豊かにかき立てることを切に願う。

（二〇〇六年四月）

岩波新書より

福祉・医療

- 賢い患者　山口育子
- ルポ 看護の質　小林美希
- 健康長寿のための医学　井村裕夫
- 不眠とうつ病　清水徹男
- 在宅介護　結城康博
- 和漢診療学 あたらしい漢方　寺澤捷年
- 不可能を可能に 点字の世界を駆けぬける　田中徹二
- 医と人間　井村裕夫編
- 医療の選択　桐野高明
- 納得の老後 日欧在宅ケア探訪　村上紀美子
- 移植医療　出河雅彦 橳島次郎
- 医学的根拠とは何か　津田敏秀
- 転倒予防　武藤芳照
- 看護の力　川嶋みどり
- 心の病 回復への道　野中猛
- 重い障害を生きるということ　高谷清
- 肝臓病　渡辺純夫
- 感染症と文明　山本太郎
- ルポ 認知症ケア最前線　佐藤幹夫
- 医の未来　矢﨑義雄編
- パンデミックとたたかう　押谷仁 瀬名秀明
- 健康不安社会を生きる　飯島裕一編著
- 介護 現場からの検証　結城康博
- 腎臓病の話　椎貝達夫
- がんとどう向き合うか　額田勲
- がん緩和ケア最前線　坂井かをり
- 人はなぜ太るのか　岡田正彦
- 児童虐待　川﨑二三彦
- 生老病死を支える　方波見康雄
- 医療の値段　結城康博
- 認知症とは何か　小澤勲
- 障害者とスポーツ　高橋明
- 生体肝移植　後藤正治
- 放射線と健康　舘野之男
- 定常型社会 新しい「豊かさ」の構想　広井良典
- 健康ブームを問う　飯島裕一編著
- 血管の病気　田辺達三
- 医の現在　高久史麿編
- 日本の社会保障　広井良典
- 居住福祉　早川和男
- 高齢者医療と福祉　岡本祐三
- 看護 ベッドサイドの光景　増田れい子
- 医療の倫理　星野一正
- 体験ルポ 世界の高齢者福祉　山井和則
- リハビリテーション　砂原茂一
- 指と耳で読む　本間一夫
- 自分たちで生命を守った村　菊地武雄

社会

書名	著者
サイバーセキュリティ	谷脇康彦
まちづくり都市 金沢	山出保
虚偽自白を読み解く	浜田寿美男
総介護社会	小竹雅子
戦争体験と経営者	立石泰則
住まいで「老活」	安楽玲子
現代社会はどこに向かうか	見田宗介
EVと自動運転 クルマをどう変えるか	鶴原吉郎
ルポ 保育格差	小林美希
津波災害〔増補版〕	河田惠昭
棋士とAI	王銘琬
原子力規制委員会	新藤宗幸
東電原発裁判	添田孝史
日本問答	田中優子 松岡正剛
日本の無戸籍者	井戸まさえ
〈ひとり死〉時代のお葬式とお墓	小谷みどり
町を住みこなす	大月敏雄
親権と子ども	榊原富士子 池田清貴
歩く、見る、聞く 人びとの自然再生	宮内泰介
対話する社会へ	暉峻淑子
悩みいろいろ	金子勝
魚と日本人 食と職の経済学	濱田武士
ルポ 貧困女子	飯島裕子
鳥獣害 動物たちと、どう向きあうか	祖田修
科学者と戦争	池内了
新しい幸福論	橘木俊詔
ブラックバイト 学生が危ない	今野晴貴
原発プロパガンダ	本間龍
ルポ 母子避難	吉田千亜
日本にとって沖縄とは何か	新崎盛暉
日本病 長期衰退のダイナミクス	金子勝 児玉龍彦
雇用身分社会	森岡孝二
生命保険とのつき合い方	出口治明
ルポ にっぽんのごみ	杉本裕明
鈴木さんにも分かるネットの未来	川上量生
地域に希望あり	大江正章
世論調査とは何だろうか	岩本裕
フォト・ストーリー 沖縄の70年	石川文洋
ルポ 保育崩壊	小林美希
多数決を疑う 社会的選択理論とは何か	坂井豊貴
アホウドリを追った日本人	平岡昭利
朝鮮と日本に生きる	金時鐘
被災弱者	岡田広行
農山村は消滅しない	小田切徳美
復興〈災害〉	塩崎賢明
「働くこと」を問い直す	山崎憲
原発と大津波 警告を葬った人々	添田孝史
縮小都市の挑戦	矢作弘
福島原発事故 被災者支援政策の欺瞞	日野行介
日本の年金	駒村康平

岩波新書/最新刊から

1829 **教育は何を評価してきたのか** 本田由紀 著
なぜ日本はこんなに息苦しいのか。能力・資質・態度という言葉に注目して戦前から現在までの教育言説を分析。変革への道筋を示す。

1815 **大岡信『折々のうた』選 詩と歌謡** 蜂飼耳 編
「うたげ」に合す意志と「孤心」に還る意志と。二つの意志のせめぎ合いの中から生まれる、豊饒なる詩歌の世界へと誘う。

1830 **世界経済図説 第四版** 宮崎勇・田谷禎三 著
見開きの本文と図で世界経済のファンダメンタルズが一目でわかる定番書。新型コロナで激変する世界経済はどうなる？

1831 **5G 次世代移動通信規格の可能性** 森川博之 著
その技術的特徴・潜在力は。私たちの生活や産業に何をもたらすか。米中の覇権争いの深層に何があるのか。さまざまな疑問に答える。

1832 **「勤労青年」の教養文化史** 福間良明 著
読書や勉学を通じて人格陶冶をめざすという若者たちの価値観は、いつ、なぜ消失したのか。格差と教養の複雑な力学を解明する。

1807 **陸海の交錯 明朝の興亡** シリーズ 中国の歴史④ 檀上寛 著
中華と夷狄の抗争、華北と江南の対立、草原と海洋の相克――三百年に及ぶ明の時代とは、混沌とした状況に対する解答であった。

1834 **マックス・ヴェーバー ―主体的人間の悲喜劇―** 今野元 著
数多くの名著で知られる知の巨人マックス・ヴェーバー(一八六四―一九二〇)。「伝記論的転回」をふまえた、決定版となる評伝。

1835 **紫外線の社会史 ―見えざる光が照らす日本―** 金凡性 著
人は見えざるモノに期待し、また恐怖を覚える。誰もが浴びる紫外線が近現代日本の社会・健康・美容・環境観の変遷を可視化する。

(2020. 6)